JN153649

# 虫と人と環境と

北海道新聞「魚眼図」から　第2集

岩佐 光啓

共同文化社

# はじめに

二〇〇八年の十二月に、北海道新聞夕刊コラム「魚眼図」に掲載された九十一篇をまとめて「虫と人と環境と」として出版してから早くも八年が過ぎました。本書は、その続編といえるもので、二〇〇九年の一月から二〇一七年の二月までの八年間に「魚眼図」に掲載された九十一編を、筆者の定年退職の節目としてまとめたものです。

また、一冊にまとめるにあたり、新しく三編を書き下ろして加えました。そのうち一編は、「あとがきにかえて」として、定年退職にあたっての最終講義「最後に伝えたいこと—分類学から疫学・環境科学領域をさまよって」の内容の要旨です。

これまで、あわせて十七年間にわたって昆虫に関わるコラムの連載を継続できたのは、昆虫がいかに私たちの生活、環境、社会と深く関係していて、題材に事欠かないことを物語っているように思います。

将来が見通せない時代・社会にあって、四億年近くにわたって生き延びて、あらゆる環境に進出してきた昆虫の生き様に学ぶことの意義、生態系の底辺を支えるこれら昆虫たちの視点からものをみる重要性について、一人でも多くの人が関心を寄せ、認識を新たにしてもらえれば大変うれしく思います。

この本の出版に当たり、お世話いただいた北海道新聞文化部の歴代の担当者、㈱アイワードの竹島正紀さん、また、独創的なイラストを描いていただいた帯広畜産大学修士課程一年生で、筆者の研究室所属の渡部佳野子さんに厚くお礼申し上げます。

岩佐　光啓

二〇一七（平成二十九）年三月二十日

## 〔虫と人と環境と　第2集●CONTENTS〕

## ●二〇一六年［平成二十八年］



## ●追録

# 二〇〇九年［平成二十一年］

# ただの虫 ● 一月八日

一般に昆虫は「害虫」か「益虫」かで分けられることが多い。そして、そのどちらにも属さないものは「ただの虫」としてくくられる。

この「ただの虫」の農業環境における重要性を説いたのが『ただの虫』を無視しない農業」(桐谷圭治著、築地書館)だ。著者の桐谷氏はこの書で、農業におけるごく普通の昆虫の役割の大切さを強調し、農地にすむ生物と共存する「生物多様性管理」を提唱している。多くの生物が共存することによって、害虫の天敵が安定して生息できる農環境をつくろうというものだ。

例えば、水田に「ただの虫」であるユスリカが多いとクモの密度が高まり、後から侵入してくる害虫のウンカ、ヨコバイの発生を抑制する。しかし、クモは餌不足になると生息数が減ってしまう。その減少を食い止めるのが「ただの虫」の存在だ。

日本の昆虫の中で、「害虫」はほんの一握りで、「益虫」と呼ばれるものもカイコやミツバチ、それに害虫の天敵となる一部の昆虫にすぎない。他のほとんどを占める「ただの虫」の働きが注目される。

一方、逆にこれまで「ただの虫」にすぎなかった昆虫が、農薬散布による天敵の減少によって害虫化した例も少なくない。農地には潜在的な害虫予備軍が待機しているといえる。

これまでの農業を振り返ると、農薬による「皆殺し」の駆除によって、「ただの虫」や生態系が受けてきた影響は計り知れない。

いかに害虫による農作物の被害が少ない、安定した食物連鎖が維持される農環境をつくっていくか。その鍵を握っているのが、意外にも「ただの虫」なのかもしれない。

## 牛とハエ

●二月十日

今年のえとは丑（うし）。牛のふんは、家畜の中で最も多くの昆虫が利用する餌資源であり、海外では一時的に利用する種も含めて四百五十種もの昆虫が牛ふんに生息することが報告されている。

中でも種類が多いのがハエ。牛は鼻汁、よだれ、涙など、体から

の浸出液が多く、ハエの一部はそれらを栄養源として利用するため牛の体に寄生する。

寄生するハエで吸血するようになったのがサシバエ類だ。中でもノサシバエという吸血バエは、特に牛に適応進化し、牛体から離れない。このハエはユーラシア大陸西部が起源とされるが、家畜牛の導入に伴って北米大陸へ侵入、牛の多頭化飼育で「害虫化」が顕著になり、今ではハワイや南米の熱帯にまで侵入している。

一方、この種に極めて類似し、アジアの熱帯・亜熱帯地域の水牛に適応して寄生する亜種がいる。この亜種は、オーストラリアに侵入してからは牛に寄生するようになった。

最近、この二亜種の交尾の際の性認知の手がかりとなる体表ワックス成分が異なるという論文が発表され、両亜種は交雑が起きない生殖的に隔離された別種である可能性がでてきた。

牛が家畜化される前のはるか昔に野生牛と野生水牛という異なる宿主と気候にそれぞれ適応し、別種に分かれた二種が家畜牛の移動によってめぐり合った時、両種はどのくらいの時間で

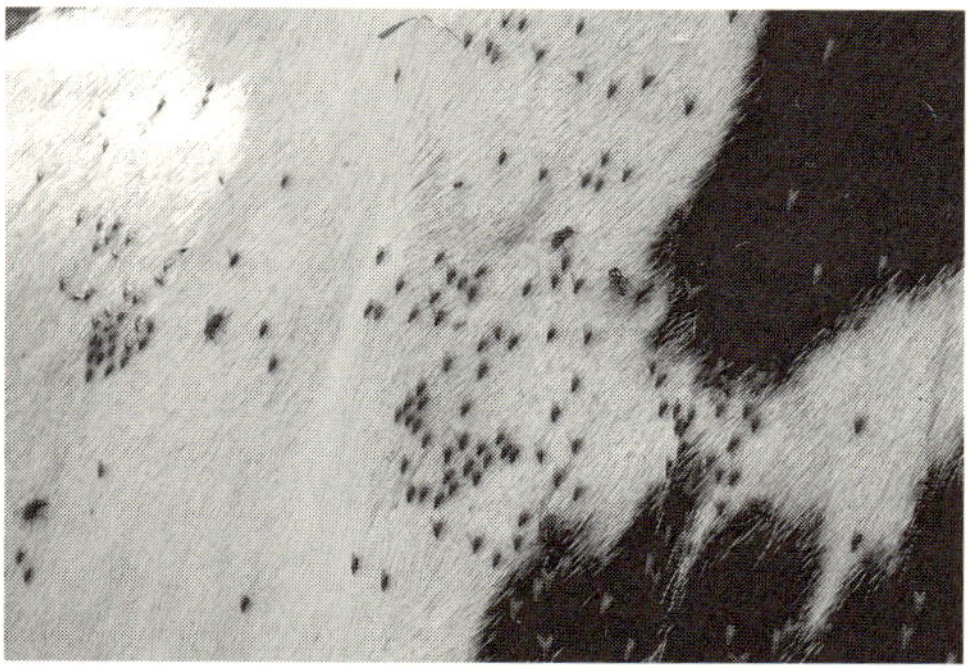

牛に群がって寄生するノサシバエ

生殖隔離を解くのだろうか。

牛の起源とハエの進化、ハエの宿主への適応と種分化、そして牛の人為的移動に伴うハエの分布拡大。鈍重な牛とそれに寄生するしたたかなハエの深い関係は、さまざまな興味深い問題を提供してくれる。

## 生と死—森の生き物からホスピスへ ●三月十日

久しぶりに卒業生のRさんとその本の中で出会った。彼女は十八年前、私の研究室の大学院生として、幼虫が野鳥のヒナに寄生して吸血するトリキンバエというハエの生態研究に取り組んでいた。

十勝の森の中で巣箱をかけて野鳥に営巣させ、それを見回る過程で、しばしばヒナの死に直面した。ヒナが死んだ後、シデムシ、ニクバエ、クロバエなど、死骸(しがい)を食べる昆虫がやってくる。ある命の終わりは、別な命にとって歓喜の生の始まりだ。彼女は、森の中には豊かな命とともにおびただしい死も共存していて、ある死は別の生に引き継がれることを学んだ。

もともと身近な人の死を体験していたことから、「看取（みと）り」や「ホスピス」に興味を持っていた。大学院修了後、彼女は看護学校に入り直し、正看護師の資格を取り、東京の病院の末期がん患者が多い病棟で五年間勤務した。しかし、そこでの仕事は、患者に深くかかわりをもつ「看取り」とは違っていた。

二〇〇六年から、東京・山谷にあるホスピス施設「きぼうのいえ」のスタッフになった。そこで身よりのない五十代の男性の終末期に寄り添い、男性の最期の願いをかなえながら深い絆（きずな）を築いた。五カ月後、その男性は彼女に看取られながら息を引き取った。二人の交流は、その本「大いなる看取り―山谷のホスピスで生きる人びと」（中村智志著、新潮社）の最終章を飾った。十八年前、十勝の森でつぶさに観察した生き物たちの生と死の循環。今、彼女はその体験を独自の死生観へと昇華し、行き場を失った人の終末期の精神性を高め、生と死の尊厳を支えていたのだ。

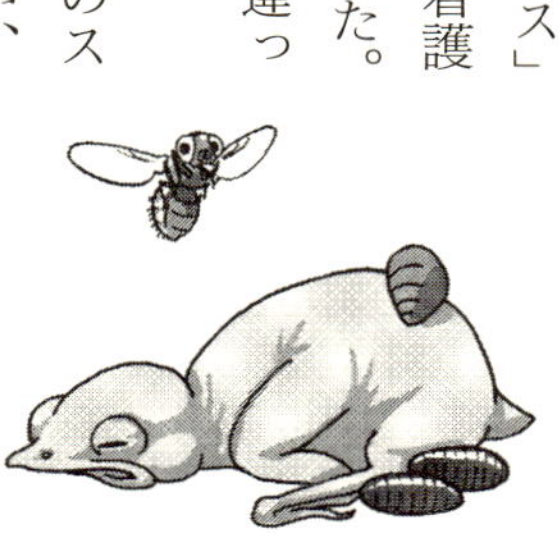

## 芝生の下からの警告 ●五月八日

雨が降っても中止にならないスポーツの一つがゴルフだ。ゴルフ場は排水性の良さが要求されるため、芝生の下は砂主体の土壌に改変され、さらに雨を効率よく排水するために縦横に高い密度で配水管が埋設されている。

四月初め、胆振管内安平町のゴルフ場で札幌の主婦がコース上にできた穴に転落して死亡した。事故が起きたコースは、もともと水がたまりやすい沢だったところに火山灰質の土などを盛って造成されたという。穴を埋めていた土砂が地下水脈によって浸食され、地中の配水管を通って流れ出て数年かけて拡大したとみられている。

イギリスやアメリカの少雨で起伏の少ない土地で発達したゴルフが、雨が多くて地形が急峻（きゅうしゅん）な日本に移入されたことで、自然の大きな改造・改変が必要となり、過去にもさまざまな弊害を生じさせた。

「林を伐開し、山を削り、谷を埋める」という行為は、水源・水脈の破壊や湧水（ゆうすい）の枯渇、水分保持機能の低下を招く。一九六七年に神戸市市ケ原で二十一人が死亡した土石流災害はゴルフ場造成に伴うものとされている。物理的破壊は、土中にすむ昆虫やミミズなどの土壌動物や水系の水生生物の死滅という生物的被害をも引き起こす。

さらに、降雨（雪）量の多い日本で単一の草種を維持するために用いられる殺菌剤や殺虫剤、除草剤など農薬による地下水汚染の問題もある。

一見きれいにみえるゴルフ場の芝生の下に隠れるようにできていた空洞は、自然を思うがままに改造・改変する人間の傲慢（ごうまん）さにあらためて警告しているように思える。

## ベトナムの養鶏農家

●六月八日

三月、感染症媒介昆虫調査のためベトナムを訪れ、養鶏農家を回った。ベトナムは鳥インフルエンザ感染者数がインドネシアに次いで多い。ハノイ周辺の多くの農家で注目すべきは、鶏の他に牛や豚、アヒルなどを同じ敷地で飼っている点だ。

メキシコで始まり、世界的に広がった豚由来の新型インフルエンザウイルスは人、鳥、豚のウイルスが混じりあってできたとされる。そんなウイルスができそうな環境は東南アジアには普通にある。

メキシコの豚インフルエンザの感染源は謎といわれるが、鳥インフルエンザでも野鳥から家きんへの感染経路は不明だ。両者の間には、ウイルスの運び屋として昆虫やネズミなどが示唆されている。

二〇〇五年に鳥インフルエンザが発生した京都の養鶏場付近から採集されたハエから、昨年には同様に鳥インフルエンザが発生したタイ中部の農村の鶏舎で採集された蚊から、それぞれウイルスが分離された。

鳥インフルエンザウイルスはカモの腸で増殖し、ふんとともに排出されるという。さまざまなふんを渡り歩くハエと複数の動物を吸血する蚊などの昆虫が感染にかかわっているかどうか注目される。

ベトナムでは鳥インフルエンザによる鶏やアヒルの大量死は散発的にみられるものの、人が次々と感染しているようではなさそうだ。最近、新型インフルエンザに対して、中高年

ベトナムの養鶏農家

の人には免疫がある可能性が報告された。

季節、気象条件、渡り鳥、媒介動物、鶏と豚の同所飼育、衛生状態、病原ウイルスと人の免疫—。複雑で多様な地球環境に生きるあらゆる生命の関係と共生、そしてそれらの変化に注意深く目を向けていきたい。

## クワガタムシ文化

●七月二十一日

夏、ホームセンターなどの昆虫ペット用品売り場では、クワガタムシやカブトムシなどの飼育用品が所狭しと並んでいる。昆虫マット、産卵木、昆虫ゼリー、昆虫ウオーター、幼虫の餌としての菌糸ビンなど、飼育に必要なあらゆるものがそろう。

クワガタをペットとして飼育するのは、おそらく世界でも日本人だけで、日本のクワガタムシ類の飼育技術は世界有数といわれる。さらに、書店ではクワガタ類の図鑑・飼育の本がずらりと並び、クワガタ関係の

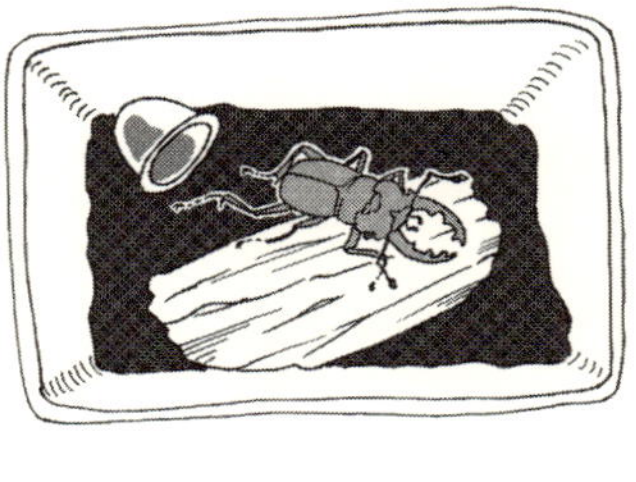

専門誌も幾つか出版されている。世界でもまれな「クワガタムシ文化」が日本にある。

この背景には、日本の森林や里山環境ではぐくまれた豊かなクワガタムシ相と、日本人特有のこだわりの「飼育文化」があるようだ。

しかし、貿易自由化に伴い、外国産甲虫類が輸入解禁となってから外国の生きたクワガタ類が簡単に売買されるようになり、現在輸入許可種は七百種、年間の輸入個体数は百万匹を超えるという。これらが野外に逃げ出して、在来種と競合したり、また交雑した例も報告され、在来種の遺伝子が撹乱（かくらん）される恐れが出てきた。

また、日本人がクワガタを高い価格で購入するため、東南アジアで乱獲されたり、現地の人がクワガタの幼虫を採集するために樹木を切って森林破壊につながる例も報告されている。

経済のグローバル化に巻き込まれ、在来種や外国の環境にまで影響を与える日本のクワガタムシ文化。外国の生き物をお金で買うことについて、それぞれの土地の固有の命の大切さと成長を体験する、本来の飼育文化の原点に立ち返って問い直してみる必要があるようだ。

## 学術標本のゆくえ　●九月二日

この夏、北大総合博物館で「だれが標本を守るのか？」と題してセミナーが行われ、同博物館の持田誠氏が植物を中心とした標本保存の実態を紹介した。北大では校舎の改修や移転のたびに貴重な学術標本が標本庫の不足などにより放置、廃棄されてきたという。

私の勤務する大学でも今年の建物の改修工事に伴い、増大する学術標本に対して、逆に保存スペースが著しく狭くなり、一部の昆虫標本を他大学に寄贈したり、廃棄せざるを得なくなった。

大学の標本庫には、新種として記載した時のタイプ標本や環境の破壊や変化によって今や採集困難な種などの貴重な標本が少なくない。古い標本が新しい研究の基礎となることは普通にあるし、その地域で長年にわたって収集された標本群は環境や気候の変化との関係についての情報も提供してくれる。これらの標本は、大学が存在する限り保存・継承が必要なものだ。

博物館がある大学はまだ恵まれているが、昨年財務省は「平成二十年度予算執行調査」で、国立大学法人の博物館事業について「廃止も踏まえての博物館施設の見直し」を打ち出した。これに対し昨年十月、大学博物館等協議会は、この方針は大学博物館などの使命に対する無理解によるものという声明を発表した。

国の財政は厳しく、あらゆる分野での歳出削減が必要なのかもしれない。しかし、一方で数兆円という不必要な公共事業や天下り関係法人への支出、一機三百億円の戦闘機などに代表される無駄遣いの指摘がある。

科学の分野でも、最先端分野や応用研究に予算が手厚く配分されがちだが、それらの研究の礎ともなる日本の学術標本はどこへいくのだろうか。

## マイマイガ ●十月一日

「森林害虫」として知られるマイマイガの幼虫は、さまざまな広葉樹や針葉樹の葉を食べ、北海道での被害はとくに本州から移入されたカラマツの人工林でみられる。

森林被害が甚大なのがアメリカで、本種は北米大陸ではもともといなかったが、広食性で病気に強いその特性を用いてカイコの品種改良をする目的で十九世紀後半にヨーロッパから人為的に導入された。しかし、そのもくろみは失敗した上、その後の管理不備で逃げ出し、天敵のいないアメリカで増殖して森林に大きな被害を与えるようになった。

昨年と今年の夏、そのマイマイガが北海道の各地で住宅街の水銀灯などに大量に飛来し、電柱や建物の壁に群がり、産卵することから住民からの駆除要請が相次いだ。このガは、今や発生地周辺の市街地において多くの人が嫌悪感を抱く「不快害虫」として問題になりつつある。

今夏出版された「害虫の誕生」（瀬戸口明久著、ちくま新書）によると、「害虫」は決して古い言葉でなく、二十世紀に入ってから使われた。明治以前の虫による農業被害では、お札で虫の退散を祈るだけで、農民には「害虫」を排除するという考えはなかったという。それは無知によるものだったかもしれないが、そこには虫の年次変動や季節変動による大発生は時期がくればおさまるという、虫と人との関係における合理的な一つの考え方を見いだすことができる。

本来生息していない昆虫の安易な導入とずさんな管理や移入樹種による人工林の造成などが

「森林害虫」をつくりあげ、虫を誘引しやすい蛍光水銀灯の普及と現代人の虫とのつきあい方の変化が「不快害虫」を生み出していることをマイマイガは教えている。

## 虫の声 ●十一月二十七日

春のエゾハルゼミから始まり、夏のセミ、秋のキリギリス・コオロギまで、今年も季節を知らせてくれた鳴く虫たちも冬の眠りについたであろう。今年の夏は天候不順にもかかわらず、エゾゼミやコエゾゼミなどの夏のセミがよく鳴いていたようだ。

昨年の本欄に、北海道ではその年の夏のセミがほとんど鳴かなかったことを書き、その理由として、昨年のセミの親世代が繁殖活動したと思われる五年前の二〇〇三年七月の異常低温による影響の可能性を指摘した。

そして今年の夏の元気なセミの鳴き声を聞いて納得した。今年鳴いたセミの親世代が繁殖活動したと思われる二〇〇四年の七月は全道的に平年より高めの気温だったからだ。

セミは土中にいる幼虫期間が長いために、発生量への影響要因を説明するのは難しいが、おそらく親世代が交尾・産卵した年の気象条件の影響を受けやすいのだろう。

一方、秋に鳴くキリギリスやコオロギでは、多くの場合親世代が交尾・産卵した前年と孵化（ふか）した翌年の気象条件が鳴き声に影響してくる。しかし、これらの虫が主に生息する草原や原野などの環境は人為的な影響を受けやすいため、鳴き声と気象条件との関係を説明するのは難しい場合が多い。

十月一日の本紙朝刊の「声」欄に、家の庭でコオロギやキリギリスが鳴いているのに気付いたのは定年退職後で、それまでは仕事に追われ、虫の声が耳に入らなかったという男性の投書が載った。

虫たちが短期間に必死に鳴くのは子孫を残すためだが、その声は気候や環境の変化を教えてくれる。今年、命を削って鳴いて残したであろう子孫が来年以降に鳴く声にゆとりをもって耳を傾けたいものだ。

# ハエの贈り物

●十二月十四日

「贈り物」といえば人間社会特有のものと思われがちだが昆虫の社会にもある。オドリバエというハエの仲間の一部では、オスがメスに餌の贈り物をする。これは、「婚姻贈呈」または「求愛給餌」ともいわれている。

これらのハエの仲間は捕食性（肉食性）で、他の小さな昆虫やクモなどを捕らえてその体液を吸収するが、オスはその餌を贈り物としてメスに差し出し、メスがその餌を食べている間に交尾する。

婚姻贈呈をするハエには、獲物の餌を自ら分泌した糸にくるんで包装する仲間がいる。この中には小さな餌を大げさに包んで「誇大包装」したり、ときにはごみを包んで贈るものもいるという。ハエ社会にも「ごまかし」がある。

しかし、これらのハエではオスよりもメスが強く、メスは自ら餌を捕ることはなく、オスに餌を貢がせたうえに複数のオスと交尾を繰り返すという。これは「結婚詐欺」に似ている。

この婚姻贈呈の起源については、交尾の際にオスがメスの捕食から逃れるための説がある。実際に、肉食性昆虫の仲間では交尾の際にオスがメスに食われることがしばしばある。

いずれにせよ、婚姻贈呈はメスによる強い配偶者選択によって進化してきたと考えられており、これらのハエでは「メス上位」となっている。

今年、恋愛や結婚に消極的な「草食男子」、積極的に男を選んで攻略する「肉食女子」という言葉が流行し、特に前者は増えているという。そして最近の内閣府の世論調査で、結婚はしなくてもよいという人が七割にのぼったという結果が発表された。

人間社会を映し出すハエの贈り物。少子化が問題になっている今、子孫を残すために命がけで贈り物をするハエに学ぶ必要がある?

# 二〇一〇年【平成二十二年】

## 昆虫の脳とヒトの脳

●一月十九日

脳の働きや発達についての関心が高まっている。発達したヒトの脳と対照的に小さいのが昆虫の脳だ。しかし、小さいながらミツバチのようにダンスによる餌場の方角や距離の情報伝達、色や図形の認知能力など、一部の社会性昆虫には優れた神経活動と学習能力があることが知られている。

近年、昆虫の脳の研究が進み、社会性昆虫以外の多くの昆虫にも形、景色、匂(にお)いなどに関するさまざまな記憶と学習の能力があることが分かってきた。

北大の水波誠教授著「昆虫―驚異の微小脳」（中公新書）によると、昆虫の脳では、反射行動、複雑な本能行動、高度な学習行動のための多数の経路が重層的に積み重なり、その基本的構造はヒトの脳に似ているという。そして昨年、水波教授は、コオロギが哺(ほ)乳類・ヒトと同様に脳内伝達物質を放出して学習内容を読み出していることを報告した。

最小限の脳の中に複雑で精妙な情報処理機能をもたせ、最大限の能力を発揮して陸上生態系の基幹動物として重要な役割を担い、地球上で最も繁栄する生物となった昆虫。

一方、脳を巨大化させて今の繁栄を築いたが、自然環境を思うがままに改変・破壊し、多くの生物を絶滅させ、今や地球環境における自らの生存基盤を危うくしているヒト。

遠い太古の昔に脊椎（せきつい）動物との共通の祖先から別れ、ヒトとは全く別の進化と生き方をたどり、自然界で過不足なく生きる昆虫の脳に潜む知恵とヒトの脳との類似性。「巨大脳」をもったために欲望の抑制がきかなくなった地球の支配者・ヒトが学ぶべきものは、四億年近くにわたり幾多の地球環境の変化に耐え抜いて獲得した昆虫の「微小脳」にあるのかもしれない。

## 遺伝子組み換え作物

●二月二十五日

米国で本格的な栽培が始まってから十四年になる遺伝子組み換え作物は、今や世界各地で日本の三倍の面積で栽培されているという。組み換え作物の人体への安全性については議論があるが、農業の現場ではさまざまな問題が起きている。

除草剤に強い性質の遺伝子を組み込んだ大豆畑では、特定の除草剤を散布すると雑草だけが枯れるはずだった。しかし除草剤に対して耐性をもった雑草が出現したため、逆に除草剤使用量の増加が各地で報告されている。

また、特定の害虫に殺虫効果がある毒素を産生するＢｔ菌という細菌がある。この菌毒素の遺伝子を組み込んだ殺虫性トウモロコシの連作で、殺虫毒素に対して高い抵抗性をもつ害虫が現れたり、これまで大きな害がなかった別の害虫がはびこるようになったという。さらにＢｔ毒素は、害虫のアブラムシを捕食するクサカゲロウ類を殺してしまうことも分かってきた。

「それでも遺伝子組み換え食品を食べますか？」（アンドリュー・キンブレル著、筑摩書房）という本が昨年出版された。監修の分子生物学者・福岡伸一教授は、生命現象は絶え間なく動きながらある一定の平衡を維持しようとする「動的平衡状態」にあり、そこに介入すれば、一時的には目的の状態になっても必ず揺り戻しが起こると述べている。

生態系も同様に、複雑な生物間の食物連鎖によって常に動的平衡状態にあり、そこへの薬剤などの「力」の介入によって、薬剤抵抗性や天敵の死滅によるバランスの崩壊などの問題を招いてきた。

私たちは、生命に対する認識においても、生命と環境の相互作用の理解においても、浅はかなまま生命を操作して過ちを繰り返すのだろうか。

## ユスリカの生き方　●三月二十五日

ユスリカは、双翅目に属するユスリカ科昆虫の総称で、世界で一万種以上、日本で千種以上が記録されている。昆虫の中でも繁栄している分類群の一つだ。多くは幼虫時代が水生で、川、池などのあらゆる淡水域にすんでいるが、海にすむものもいる。

ユスリカの成虫は弱々しく、命のはかなさを表すたとえとしてよく使われるカゲロウのように寿命も短い。さらに幼虫も成虫も、魚類、捕食性昆虫、野鳥、動物などに常に食べられる最も弱い立場にある。

しかし、その環境への適応力は驚異的だ。最近、南極だけに生息するナンキョクユスリカという種の低温耐性機構が明らかにされ、幼虫はマイナス十度の凍結に容易に耐え、凍結状態で九～十カ月生存することがわかってきた。

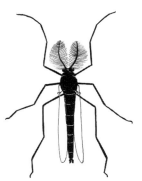

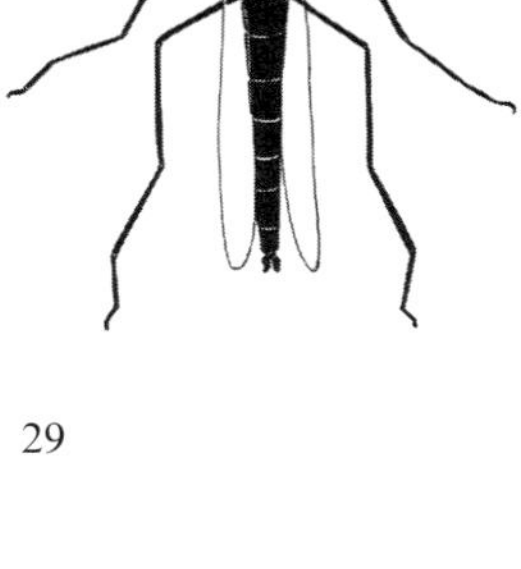

同じ低温耐性をもつ、ヒマラヤの氷河にすむヒョウガユスリカは、氷点下の中で羽化して、成虫はマイナス十度以下でも歩き回る。アフリカの乾燥地帯には、幼虫がミイラのような乾燥状態で何年も生存し、雨期の水によって生き返るネムリユスリカがいる。オンセンユスリカの幼虫は、温泉の四十度以上の湯やｐＨ三以下の強酸性の湯の中で生きる。汚泥などに生息するアカムシユスリカは、溶存酸素濃度が異常に低い環境中で生きるために、他の昆虫がもっていないヘモグロビンを獲得するに至った。

弱いが故にあらゆる自然界の悪条件に耐え、逆にそれらを最大限に利用しながら生きのびる能力を獲得し、繁栄してきたユスリカたち。その生き方は、限りある地球の環境と資源の中での、また厳しい社会・経済情勢の中での私たちの生き方に重要な示唆を与えているように思える。

## 花に舞うハエ　●四月二十六日

腐敗物に集まるハエの中には花の匂（にお）いに誘引されて訪花し、花粉を運ぶものがいる。クロバエ科のキンバエは、クロユリの花の臭い匂いに誘引されてその受粉に一役かっている。

　東南アジアを調査で歩くと、マンゴーの花にクロバエ科のオビキンバエがびっしりと群がっているのを頻繁にみることができる。このハエは、マンゴーの花の臭い匂いに誘引され、その受粉・結実に大きな役割を果たしていると考えられている。世界最大の花といわれるラフレシアの受粉に関与しているのもオビキンバエ類の仲間だ。

　今年初め、岡山の医療用品開発会社が、イチゴやマンゴーなどのハウス栽培の果菜類の受粉のために同じクロバエ科のヒロズキンバエの飼育技術を確立し、蛹（さなぎ）を試験的に一部の農家に納入した。供給不足のミツバチの代替需要をねらい、三年後には全国の農家向けに供給を目指すという。

　九州や沖縄のマンゴー生産地では、すでに独自に腐肉などを使ってヒロズキンバエやオビキンバエを飼育し、受粉のためにハウス内に放し飼いしている農家が増えている。ハエがいないと立派なマンゴーの実はできないという。

　クロバエ科ばかりではない。マレーシアのラン栽培農家のハウス内で、たくさんのイエバエが花粉まみれになって花か

花を訪れるハエ類

ら花へと飛び回っているのを見たことがある。亜熱帯・熱帯のサトイモ科植物の受粉にはショウジョウバエ科の特定の属の仲間が深く関与していることが最近わかってきた。

季節柄、テレビではハエを殺す殺虫剤の宣伝が多くなってきた。腐敗物に集まるハエは汚く、駆除すべきものという先入観を捨て、花に舞うハエたちの潜在的な花粉媒介能力を生かしたいものだ。

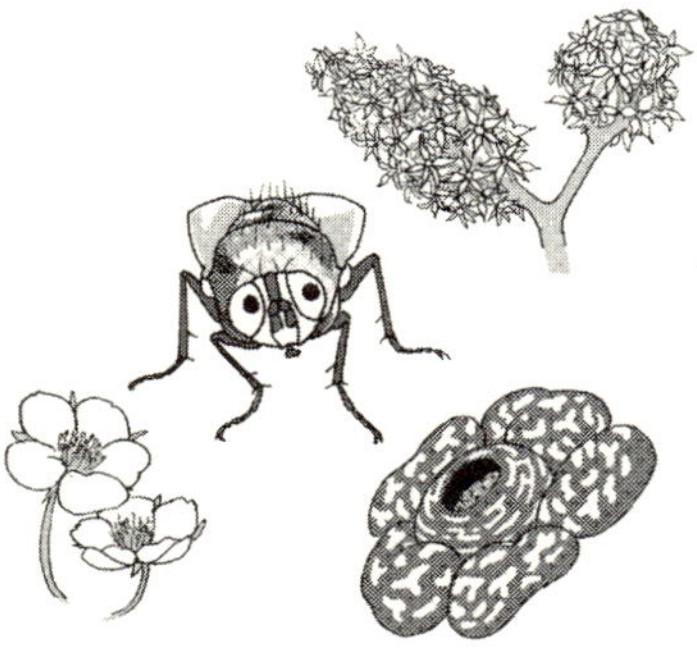

## 牛糞堆肥の除草剤汚染

●五月二十八日

除草剤は、農薬の中でも殺虫剤と殺菌剤に次いで三番目に多く生産され、その毒性は動物に対しても強い。接触したすべての植物を枯らす「非選択的除草剤」と、農作物にはあまり影響を与えず、対象とする植物を枯らす「選択的除草剤」に分けられる。

しかし、選択的除草剤でも、これまでにその代謝物が水稲の矮化（わいか）症状を引き起こしたり、また残留性の高い除草剤による小麦や野菜の生育障害が報告されている。

昨年、日本では認可されていない除草剤「クロピラリド」が輸入牧草に残留して国内の牛の体内に入り、その牛の糞(ふん)から作った野菜が生育障害を起こすことを、畜産草地研究所などの研究者が突き止めた。アメリカ、カナダ、オーストラリアからの輸入牧草からこの除草剤が検出されたという。

残留農薬の危険性や食の安全・安心への関心の高まりから、有機農法として利用が促進されている堆肥(たいひ)で、想定外の新しい汚染が起きていることになる。

そもそも、牛が食べる草が汚染するほど残留性の高い除草剤が、牧草地や採草地に撒(ま)かれていることに驚かされる。日本でも牧草・採草地の造成や更新時に別の種類の除草剤「グリホサート」などが撒かれている。

このグリホサートは、土壌中で分解・消失するとされるが、代謝物や添加物の毒性や残留性が懸念されており、それらが土壌生物相に及ぼす影響も未知の部分が多い。

牛糞堆肥の除草剤汚染による野菜の生育障害は、化学物質の環境中や動物体内での動きについての私たちの理解が不完全であること、そして都合の悪い植物（雑草）に対する効率優先の薬剤による「力」の駆除による影響は、結局は人間に戻ってくることをあらためて知らしめている。

# 歩く宝石

●六月二十三日

美しい色彩で多くの人を魅了する昆虫といえば一般にチョウだが、甲虫の仲間にも鮮やかな色彩を持つものが多い。近刊「ルリボシカミキリの青」（福岡伸一著、文芸春秋）によると、ルリボシカミキリの体の鮮やかな青への驚きが著者を科学へ方向づけた原点だったという。

甲虫のタマムシ、オサムシ、コガネムシなどの仲間には、色彩の鮮やかさに加えて体表面が光り輝く種類が多い。とくに体が美しく輝くオサムシには、後翅（こうし）が退化して飛ぶことができない種が多くいる。これらの種の移動手段は歩行で、ミミズやカタツムリなどの餌を探して歩き回るため、「歩く宝石」と呼ばれている。

このオサムシたちには、体表面の薄い膜が幾重にも重なった構造によって、当たった光が互いの干渉を引き起こして強く反射するという巧妙なしくみがあることが分かってきた。

昆虫の鮮やかな色彩や輝きの意義については、同じ種同士が模様や色などで異性を発見するため、また天敵に対する「警告色」、などの説が考えられている。

しかし、オサムシは一般に夜行性で、太陽のない夜は体の輝きはあまり意味をもたないように思える。北海道では、山や森にいるアイヌキンオサムシとオオルリオサムシが光り輝くオサムシとして知られているが、輝きの意義の詳細は不明だ。

飛ぶことをやめたオサムシは移動が制限されていることもあって、環境の変化の影響を受けやすい。特にオオルリオサムシは、各地で森林の減少とともに激減している。

豊かな森林で、光り輝きながらも人目につかずに暮らす「歩く宝石」。彼らは、森の中から生命の〝輝き〟を私たちに教えているのかもしれない。

## イタドリと食植性昆虫

●八月六日

タデ科植物のイタドリは、十九世紀に観賞用として日本からイギリスに持ち込まれた。今ではそれが野外で在来植物を駆逐しながらいたる所で繁殖し、アスファルトや塀をもろくするなどの問題も引き起こしている。

業を煮やしたイギリスの環境・食料・農村省は今年三月、日本のイタドリマダラキジラミという食植性昆虫がイタドリ駆除に効果が期待できると判断し、この虫を野外に放すことを決めた。

海外では雑草駆除に食植性昆虫を利用する研究が進み、いくつかの成功例がある。オーストラリア、ニュージーランドなどに侵入して繁茂した毒草・クラマスソウはハムシを、同じくオーストラリアに輸入されて広がったウチワサボテンはメイガを放すことによって駆除した。

しかし、外国の昆虫を放すことによってその虫が害虫化するなどの危険性も伴う。イギリスの今回の決断は、イタドリによる影響の深刻さを示している。

多くの食植性昆虫はそれぞれの好みの植物を食べている。まさに「タデ食う虫も好き好き」だ。日本でイタドリが問題にならないのは、国内にイタドリを食べる在来の食植性昆虫が多くいることが一つの大きな要因だ。

逆に、アメリカから侵入、日本で侵略的に繁殖しているセイタカアワダチソウは、アメリカ本国ではその葉、芽、茎、根などあらゆる部位を食害する昆虫がいるため、「雑草」としてほとんど問題になっていない。

イギリスのイタドリ問題は、外国の植物の安易な導入による影響の大きさを知らしめる一方で、多様な食植性昆虫がいかにその土地の特定の植物の独走的繁栄を抑え、生態系の均衡を維持しているかを教えている。

## カメムシ・スキャンダル

●九月八日

カメムシ類によって加害された斑点米は、着色粒として千粒に一粒なら一等米、二、三粒なら二等米に等級が格落ちする。米農家は、斑点米による等級落ちを避けるため、カメムシ防除のための農薬を撒（ま）かざるをえない。

この厳しい農産物規格規定の骨格は、一九五一年にでき、着色粒の規定は七一年に加えられた。しかし、七九年ごろから着色米を光センサーで選別する「色彩選別機」が開発され、精米する時にカメムシによる斑点米などの着色米を除去できるようになった。これにより、二等米が一等米にもなり、等級選別の意味が根本から問われることになった。

これまで長年にわたり、多くの学識経験者や団体等が「日本の厳しい米の等級選別は、不必要な農薬の使用を助長している」として見直しを求めてきた。二〇〇七年二月には六十八団体、百四十五個人が、米の検査規格の見直しを求める要望書を農林水産省に提出している。

しかし、農水省には見直しに向けた動きはない。評論家の船瀬俊介氏は「農水省が米の等級選別を見直さないのは、官僚が農薬メーカー、流通業界、農協などとともに既得権益を守るため」として、これを「カメムシ・スキャンダル」と呼んだ。

実際に、二等米では農家の手取りが少なくなるのに、斑点米を取り除いて消費者に売られる「もと二等米」の価格は一等米と変わらず、「消える等級」が一部流通業者に不当な利益をもたらしているとの指摘がある。

生産者の農薬散布の負担、食の安全、環境汚染などに優先し、国の「有機農業推進法」にも逆行して維持され続ける厳しい等級選別。カメムシによってできる米の斑点は、縦割りの硬直化した農水行政を浮き彫りにしている。

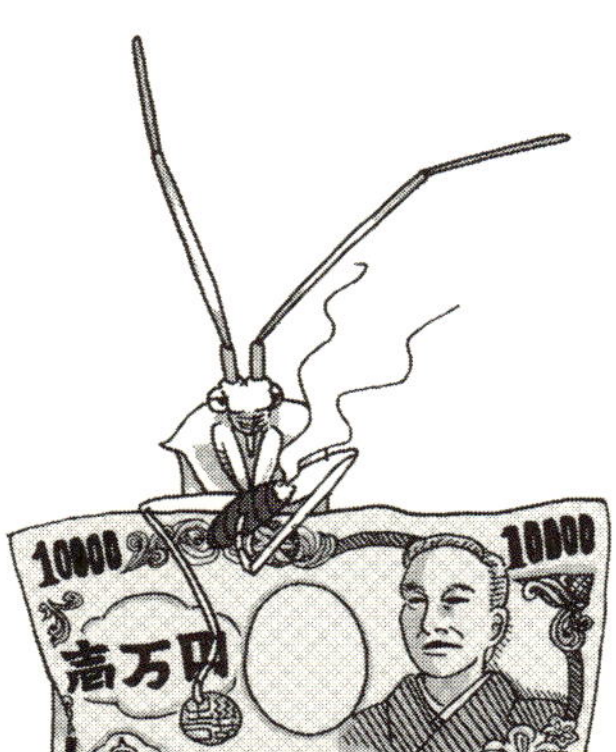

## 生存戦略 ●十月四日

この八月、体長約一センチのカエルが、ボルネオ島の熱帯雨林から見つかり、新種として発表された。このカエルの親は食虫植物ウツボカズラの捕虫袋に卵を産み付け、オタマジャクシはその中の液体の中で育つという。

昆虫などを捕獲するウツボカズラの捕虫袋の液体は、種々の消化酵素を含み、ｐＨが二〜三の強酸性にもなる。落下した昆虫などはこの液から脱出できずに死亡し、消化・吸収される。大型の捕虫袋では、小鳥やカエルが犠牲になることもあるという。新種のオタマジャクシは、この「落とし穴」の液体に耐え、それを利用して生きていることになる。

捕虫袋の特殊な液体の条件を克服して生きる生物で最も種類が多いのは昆虫だ。ボルネオのウツボカズラには二十種近くの昆虫およびミジンコ、ダニがすんでいることが知

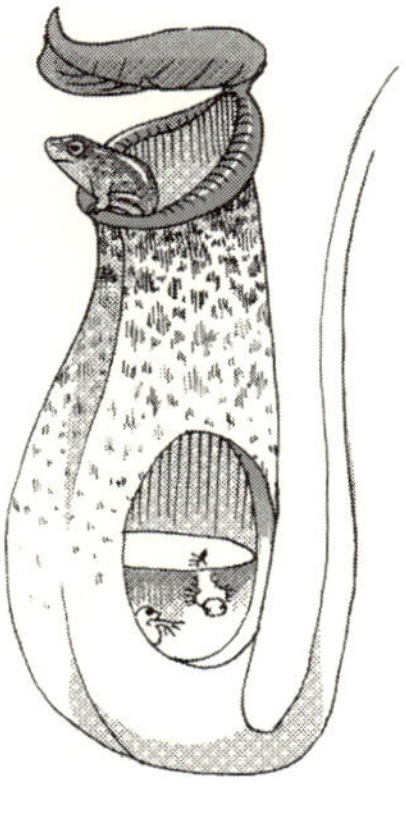

られている。この中で優占しているのは、ミジンコなどを食べて成長するボウフラの群集で、さらにそのボウフラを食べる大型のボウフラやハナアブ科、イエバエ科、クロバエ科などの捕食性の幼虫がすみ着いている。これらはいずれも、ウツボカズラに専門に特殊化した昆虫だ。なんという適応力と分化の妙だろうか。

そもそもウツボカズラは、栄養分が溶脱したやせた土地や植物の生育に適さない崖地などに適応し、栄養不足を補うために昆虫などを獲物にし、消化吸収にかかわる酵素群と分泌器官を発達させた。

養分摂取の戦略を巧みに進化させたそのウツボカズラを利用し、悪条件を逆手にとって生き延びようとする驚くべき生き物たち。彼らの柔軟な適応力と生存戦略は、有限な地球環境の中で生きる私たちに何らかの示唆を与えうるかもしれない。

## クモの糸 ●十一月四日

バイオリンの弦は、柔軟性と弾力性が重要とされる。九月に北大で開かれた高分子討論会で、奈良県立医大の大崎茂芳教授はクモの糸を束ねた弦を張ったバイオリンを演奏し、柔らかい音色を披露した。

大崎教授は、三十年近くクモの糸の研究を続けており、自身の著書「クモの糸のミステリー」（中公新書）によると、クモの糸は柔軟性と弾力性に優れ、獲物を捕獲する渦巻き糸では球状の粘着球が効率よく獲物の動きを止め、命綱として重要な役割を担っている牽引（けんいん）糸は効率性とゆとりのある最高の安全性をもっているという。

また、クモの糸は常に太陽にさらされていることもあって、紫外線によって劣化しにくい。そのため紫外線に強い新しい繊維の開発につながる可能性を秘めている。

さらに、頻繁に巣を取り換えるクモの仲間は、新しい巣の八〇～九〇％を古い巣から作り、極めて効率のいいリサイクル技術をもっているという。

そして近年、農業生物資源研究所（茨城県つくば市）の研究者が、クモが巣を張ったり、カイコがまゆをつくったりする際、二酸化炭素を吸収して糸の材料として利用していることを突き止めた。これまで、二酸化炭素を吸収できる生物は植物や微生物の一部だけとされていたが、糸を出す節足動物にも同じ働きがあるのは初めての報告になる。

四億年にわたる進化の過程で環境に適応し、捕食者として重要な役割を

担い、生態系のバランスを支えるクモ。彼らが生きる上で編み出した糸は、私たちに多くの深い知恵を授け、さらにその多様な機能や働きによって、自然の中で私たちが聞くことのできない柔らかい調和音を奏でているようだ。

## 生物多様性と先住民族 ●十一月二十四日

生物多様性条約第十回締約国会議、いわゆる「国連地球生き物会議」が終わった。一定の成果がみられたとの見方があるが、地球上の生物多様性をいかに守っていくかという環境問題よりも、生物資源の利益の分配と途上国による資金援助要請といった経済問題に重点が移ったという印象をぬぐえない。生物多様性を守る知恵はどこにあるのだろうか。

そんな中、この会議にあわせて開催された「先住民族サミットｉｎあいち２０１０」では、世界の十九の先住民族が集い、言語や文化が破壊されている現状や自然に対する価値観などが報告された。

この中で、日本のアイヌ民族の代表が「生物多様性の重要性が叫ばれているが、何をいまさら」と述べている。アイヌ民族には、すべての生き物には神が宿り、他の命をいただくときは必要最小限とし、そして人間と動物や虫、風、雲などの自然はお互いに育てあうものという哲学があるという。

ニュージーランドのマオリは、土も森も動物もすべて同じ家系図でつながっていて、環境を傷つけることは家族を傷つけることを意味するとされる。

多くの先住民族に共通しているのは、自分たちが他の生き物によって生かされているという強い感謝の気持ちと、自然や生命に対する深い畏敬（いけい）の念だ。

文明の発達とともに自然や他の生き物たちと疎遠となり、生命のつながりや自然から受けている恩恵を忘れ、経済至上主義のもとで地球環境を食いつぶしてきた現代人。

私たちの生存の基盤となる生物多様性を守る鍵は、狩猟を中心とした先住民族の、生命と環境に対する知恵と哲学に残されているのかもしれない。

## セイヨウオオマルハナバチ

●十二月二十一日

セイヨウオオマルハナバチは、トマトの受粉促進のためヨーロッパから輸入され、野生化した。今や道内の半数以上の自治体の平野部で普通にみられ、上川管内の大雪山国立公園では山岳地帯まで発見されている。

十勝管内では今年、上士幌町十勝三股で本種が初めて採集された。国立公園である十勝三股では、過去に植えられたルピナスなどの外来園芸種の花が繁茂しており、このような花を利用した公園内での外来バチの勢力拡大が懸念される。

このハチは、在来のハチを巣から追い出したり、受粉を助けずに盗蜜したりして、在来のハチと植物の関係を崩すといわれ、最近その具体的な影響が数値的に示されつつある。

北海道の在来植物エゾエンゴサクは在来のマルハナバチに花粉を運

んでもらっているが、セイヨウマルハナバチが多い地域ではエゾエンゴサクが種子を作る割合が低いことが明らかになった。

また、セイヨウマルハナバチは、在来のマルハナバチと平気で交尾し、産まれた卵は孵化しない。ある地域では、在来のエゾオオマルハナバチ女王の三〇％の個体がセイヨウオオマルハナバチの雄によって交尾されていることがＤＮＡ鑑定によって判明し、在来種の重大な繁殖阻害が広がる可能性が出てきた。

日本のハナバチ類の固有率は七五％で、他の多くの昆虫の固有率は一〇％前後であるのに対し、際だって高い。これは、日本固有の顕花植物とハナバチ類の気の遠くなるような長い期間に築き上げられた共進化の結果だ。

「きれい」ということで外国の植物を植栽し、「生産性」のためには虫さえも輸入し、それらを管理できない私たち。固有の自然と生き物に対する深い理解と洞察が求められている。

# 二〇一一年［平成二十三年］

## 絶滅種

●一月二十四日

昨年、秋田県田沢湖の固有種で、七十年前に絶滅したとされていたクニマスが山梨県西湖で見つかった。絶滅前に卵が移植された西湖の深いところで命をつないできたらしい。この魚は、強酸性水の人為的導入によって水質の変わった田沢湖にすめなくなったという。

環境省のレッドリストでは、日本の生物の「絶滅種」は百二十種で、植物が半数以上を占め、動物では貝類二十二種、鳥類十三種、哺乳類四種、魚類四種、昆虫類三種とされている。いずれも環境の変化に弱い種だ。

国際自然保護連合によると、産業革命以降の過去四百年間に、少なくとも世界で六百種あまりの動物が絶滅したという。しかし、実際には、絶滅の証明が難しい種や、昆虫をはじめとして名前がつけられる前に未知のまま絶滅した種は、数え切れないほどいるとみられている。

生命には寿命があるように、種にも寿命があるとされる。ヒト＝ホモサピエンスが出現した後の多くの絶滅種は、ヒトの活動によって種の寿命をまっとうできなかったとして地球史に刻まれる。ヒトは絶滅種に対する過去の過ちを教訓とし、地球上の多様な生命を守る責任を果たしていけるのだろうか。

しかし、このままいけば地球環境の崩壊によって、ヒトも種としての寿命をまっとうする前に絶滅する可能性が高いようだ。

ヒトの知能と科学技術の発達は、宇宙への旅や他の惑星に長期間滞在することも可能にしつつある。将来、「かつて地球で繁栄を極めたが、その後絶滅したはずのヒトが別の惑星で見つかった。地球にはもう住めなくなったという」などと宇宙史に刻まれることがないことを、年頭にあたって祈りたい。

## ナキウサギヒフバエ

●二月二十四日

日本では北海道のみに分布するエゾナキウサギに寄生し、幼虫が皮下組織を食べるナキウサギヒフバエという寄生バエがいる。

このハエはユーラシア大陸から北海道まで分布し、大陸西部では

ネズミに、中央部と東部ではナキウサギに寄生する。

講義で、「エゾナキウサギが絶滅したらこの寄生バエも絶滅する可能性が高い」と話すと、学生から「このハエはなぜそんな危険な戦略を選んだのですか？　もっと多くの動物に寄生した方が生き延びると思うのですが」という質問があった。

寄生者を含む多くの生物は、限られた資源を分け合い、すみ分けて他の種との争いを避けている。このハエは、ナキウサギに適応し、特化することで繁殖力と幼虫の成長力を高めて生き延びてきた。寄生されるナキウサギにしてみれば迷惑な話だが、ハエはナキウサギを殺すことなく、幼虫が必要な栄養分だけを頂戴する。

氷河期に大陸から渡ってきて、北海道で固有亜種になったとされるエゾナキウサギは、寒冷化した時期には北海道の岩礫（がんれき）地のいたるところに生息していたのだろう。その時期にはこのハエも北海道に侵入し、繁栄を極めていたに違いない。

しかし、温暖な気候になり、開発による岩礫地の消失などによって、今では限られた場所に追いやられたエゾナキウサギとともに少なくなったこのハエは、北海道の昆虫の「希少種」に

**ナキウサギヒフバエ**

なっている。

ユーラシア大陸からの長い旅路の最後に北海道にたどりつき、寄生生物の宿主への適応と種分化に関する貴重な情報を提供してくれるナキウサギとフバエ。北海道でもナキウサギにこだわった彼らの寄生生活は、やはり危険な戦略だったのだろうか。

## コクゾウムシ　●三月二十二日

昨年秋、知人の出産祝いのお返しとして頂いた東北産の「特別栽培米」の五キロ入りの袋を開封したところ、コクゾウムシが生きたまま現れた。米を広げて数えるとなんと十八匹もうごめいていた。

生産者に問い合わせると、この米は特別に低温貯蔵するので、貯蔵庫で虫が混入することはなく、精米する際に混入したのではないかという返事だった。

現在では徹底した防除・管理や低温貯蔵庫の普及などにより、コクゾウムシの発生は抑えられているが、夏に米を常温で保管したり、精米機などの清掃を怠ると精米に混入する。

コクゾウムシは幼虫も成虫も穀物を食べるため、人との関わりは古い。七〜八世紀の奈良県の藤原京遺跡の「厠（かわや）」の人糞（じんぷん）（糞石）からコクゾウムシがたくさん見つかっており、当時の人々があまり気にせずに米と一緒にこの虫を食べていたことがうかがえるという。つい数十年前までも、この虫は普通に米に混入し、家庭では米を広げると逃げ出す習性を利用して除去していた。

貯蔵庫でコクゾウムシが発生した場合、駆除のために殺虫剤・リン化アルミニウムなどによって薫蒸処理されることがあるが、これは殺虫剤による米の汚染の危険性を伴う。特に輸入米の場合、薫蒸の回数が多く、一九九三年に外国から米を緊急輸入した際の事例では、輸入米を夏に常温で保管してもコクゾウムシが不気味に発生しなかったという。

食べ物に虫がいることは、虫とのかかわりが少ない現代人にとって耐え難いかもしれないが、虫が生きているということは残留農薬がなく、安全な証拠ともいえる。コクゾウムシが混入した今回の米の色つやは極上で、炊きあがってもそのおいしさは絶品であった。

## 自然の力と小さな命

●四月二十八日

東日本大震災の大きな被害を引き起こした圧倒的な自然の力の前にはひざまずく以外にない。しかし、巨大な力とエネルギーがうずまき、ぶつかり合う地球の活動の中では、今回の力は、生き物に例えれば咳(せき)か軽いクシャミのようなものなのだろう。

地球の歴史において、大きな自然の力や環境変化が多くの生命に影響を与え、生物種を大量絶滅させた例は何度もある。地球と生命の歴史を眺めれば、自然は人知をはるかに超えていて、自然に対する「想定」など不可能であることに気がつく。だからこそ私たちは、自然に対してもっと謙虚にならなければならないのだろう。

これまで私たちは自然の恩恵を忘れ、経済活動の拡大の中でさまざまなものを巨大化し、生産力の増大を追い求めてきた。特に、石油や電気エネルギーは無限にあるかのように浪費してきた。こういった資源やエネルギーの大量消費の行き着いた先が原発となり、そしてそれに対する過信と想定の甘さは、あまりにも大きな代償となって返ってきた。

太古の昔、昆虫類は豊かな森林の発達と豊富な餌資源を背景に巨大化したが、体の維持に大きなエネルギーを必要とするこれらの昆虫たちは環境の変化に耐えきれずに滅亡した。その後、昆虫は小型化、省力化へと転換して、環境適応力を高めて現在の繁栄へとつながった。

今回の大震災によって、私たちはこれまでの生活のあり方や価値観の大きな転換を迫られている。その進むべき道筋は、幾多の自然の力や地球の大変動にも耐え抜き、最小限の資源を分かち合って生きる小さな生命たちが示しているのかもしれない。

## 大規模自然災害と衛生動物

●五月三十日

東日本大震災の被災地における衛生状態にかかわる問題として、衛生動物・昆虫の発生や移動がある。

四月、東京で開催された日本衛生動物学会で、大震災と衛生動物に関する緊急集会が開かれた。集会では、壊滅的な被害を受けた岩手県内の町の高台にネズミが急増し、駆除の要請があったことが報告された。地震の際、平野部のネズミが津波の来る前に高台に移動した可能性がある。

そのネズミが寄生するツツガムシというダニが人に寄生して病原体を伝播し、発症するのがツツガムシ病だ。「古典的」と「新型」があり、戦前、東北の一部では洪水の後に古典的ツツガムシ病の発生が多くなることが知られていた。現在のツツガムシ病のほとんどは「新型」で、「古典的」とは媒介種も発生地域も違うので、今回の被災地で広がる可能性は低いとみられるが、ツツガムシは洪水や土砂で運ばれてもしぶとく生きるようだ。

土中に潜むハエ類の蛹も浸水には強い。これから暖かくなるにつれて、さまざまな種類のハエ類が、遺体、家畜や魚の死骸、汚泥、瓦礫に付着する有機物残渣などの各種の発生源を利用して発生することが予想される。

二〇〇七年夏に発生した新潟県中越沖地震では、さまざまなものの覆いとして使用されたブルーシートが新たな溜まり水環境をつくり、蚊の発生を助長することが指摘された。

こうしてみると、環境衛生にかかわる動物や昆虫は、大規模自然災害の際には新たな環境や資源を利用して増殖するものが多い。過剰に神経質になることはないが、これらの発生を注意深く監視し、発生源を除去する必要がある。自然の圧力を回避し、復興する彼らの能力に学びながら。

## 科学者の姿勢 ●六月二十日

福島の原発事故で、科学者への信頼が揺らいでいる。特に旧東大工学部原子力工学科を中心とした原子力専門の多くの科学者が、電力会社から研究助成などの形で資金提供を受けたり、電力会社の顧問や国の審議委員になるなどして、原発推進を担ってきたとされる。

そこには、科学者が政・官・産からなる強固な利権の枠に組み込まれ、想像力と批判精神を失い、社会や市民から遊離してしまった構図が浮かび上がる。

一方、原子力の専門家だった故高木仁三郎氏は、研究所や大学を辞して、既成の組織とは一線を画し、一般市民との深いかかわりの中で、原発の問題点と危険性を指摘してきた。その生き様は、自伝的著書「市民科学者として生きる」（岩波新書）に著され、がんと闘いながら身を削って科学を市民のものにしようとした真摯（しんし）な姿勢には心を打たれる。

また、専門性に裏打ちされた多くのデータと緻密な論理で原子力神話を切り崩した同氏の「原子力神話からの解放―日本を滅ぼす九つの呪縛」（講談社＋α文庫）は、原発事故後、一層の輝きを放っているように思える。

最近話題となっている論文「核施設と非常事態―地震対策の検証を中心に―」（一九九五年、日本物理学会誌）の中で、氏は原発の甘い耐震設計の危険性を訴えるとともに、老朽化した原発の事故・故障率の高さを実際の数値で示し、福島第一原発をその一つにあげて警告した。氏は、すべてを予見していたかのようだ。

今回の原発事故は、いかなる組織、権威、利権に対しても独立を保ち、想像力と批判力を備え、科学と人間や社会とのかかわりを常に考える科学者の姿勢がいかに大切かを教えている。

## 原発と海と祝島の人々

●七月二十一日

瀬戸内海に浮かぶ山口県上関町祝島。四キロメートル先の対岸で進められている中国電力による上関原発計画に二十八年間反対し続けている祝島の島民をみつめたドキュメンタリー映画「祝の島（ほうり）」を見た。

この計画によって、地域住民が親戚・家族に至るまで賛成派と反対派に分断され、多くの漁協が中国電力と漁業補償契約に調印し、「買収」されていった。しかし、祝島漁協だけが補償金を拒否している。

瀬戸内海有数の豊かな海に囲まれた祝島の人々は、「海は宝だ」「海と山さえあれば生きていける。海は売れない」ときっぱりと言い放つ。海の恵みによって生かされていることを身をもって知っている人々の言葉は重く響く。

海や湖での放射性物質は、植物・動物プランクトン、小魚、大型魚と食物連鎖による生物濃縮が進むことが知られている。過去に、カナダの原発から放出された低濃度の汚染排水によって湖にすむ魚（マス）から水中濃度の三千倍のストロンチウム90が検出された。

福島原発事故によって、周辺海域でのコウナゴ、シラス、ウニ、ワカメなど十種以上の水産物から暫定基準値を超える放射性物質が検出されている。さらに海水や海底の土から高濃度のセシウムとストロンチウム90、そして半減期がそれぞれ二万四千年、六千六百年というプルトニウム２３９と同２４０も検出された。

祝島には千年以上続く伝統の祭りがある。平安時代に島の人が難破船の人々を助け、その後の海を越えた交流が祭りとなって代々受け継がれてきたという。祝島の人々は、すでに原発による長い時間軸の海の放射能汚染を見透し、遠い未来の子孫へ引き継ぐ安全で豊かな海を見据えているように思える。

# 二〇一二年［平成二十四年］

## 縄文クワガタ

●一月二十五日

昨年五月、奈良県の秋津遺跡から縄文時代晩期（二千五百〜二千八百年前）のノコギリクワガタがほぼ完全な形で見つかった。これまでの昆虫化石の発見において、クワガタ類自体が極めて少なく、ほぼ完全な形での出土は奇跡に近い。

発見された個体はオスで、体は大きく、立派な大あごをもっている。落葉広葉樹林が発達した縄文時代、豊富な朽ち木や樹液などの餌資源を背景に、クワガタ類は繁栄を極めていたに違いない。夜行性の成虫は、真っ暗闇の夜、月光を頼りに行動し、縄文人の集落のたき火に引き寄せられていたのだろうか。

これまで、昆虫化石の断片は、さまざまな時代の遺跡から発掘されてきた。縄文および弥生時代の昆虫化石群において、縄文時代では森林を好む昆虫の占める割合が高いことが知られ、これらの中には、今

では見られなくなったり、激減している種類が少なくない。

一方、弥生時代では人間の活動の影響が表れ、二次林、畑、水田・湿地を好む「人里昆虫」が多く占めることが報告されている。

縄文クワガタのほぼ完全な形での出土は、土質や空気との遮断などのいくつかの好条件が偶然にそろったことによるのにすぎないのかもしれない。しかし、自然と生命が敬われ、資源を採りすぎることなく一万年以上も長く持続したとされる縄文時代は、私たちに当時の文化や豊かな環境の様子を伝える多くのものを地下に残してくれているように思える。

縄文時代と対照的に、短期間に莫大（ばくだい）な資源やエネルギーを費やす私たちが遠い未来の子孫に、地下に「貯蔵」して残すものが、半永久的に生命に有害な放射線を出し続ける核廃棄物だとすればこんな罪深いことはない。

## アマツバメと軍事兵器 ●二月二十二日

アマツバメは、高度に空中生活に適応し、採餌も交尾も飛びながら行い、空中に舞い上がった植物片などを巣材として海岸の絶壁の岩場などに営巣する。昨年、韓国の鳥類研究者から、アマツバメに寄生するシラミバエという寄生バエの同定を依頼されたことから、韓国のアマツバメの生態に関する文献を集めてみた。

その中で、二〇一〇年に発表された一つの論文に注目した。韓国のアマツバメが、航空機等が敵のレーダーに探知もしくは追跡されるのを妨害する、チャフと呼ばれる金属（アルミ）片を巣材として利用し、巣材の一〇%を占めたというものだ。チャフは兵器の一種で、軍事演習でアメリカやその他の海上の空で年間約五百トンが散布されているという。

軍事演習で用いたチャフの環境への影響に関しては、アメリカ空軍と海軍の調査機関による論文がある。この論文の中で、チャフが野生生物に及ぼす影響については、海上に落下したチャフを水鳥が大量に飲み込んで死に至る可能性が指摘されているにすぎない。

しかし、アマツバメは、空中に浮遊する昆虫などを飲み込むという特殊な習性をもっている。アマツバメが空中で漂う性質があるチャフを飲み込むことによる影響は調べられておらず、チャフが海上に落下した後の食物連鎖による海洋生態系への影響も全く不明だ。

現在、世界のアマツバメ科九十二種のうち、環境の破壊・汚染などによって六種が絶滅の恐

れがある種に指定されている。

アマツバメが自由に飛び交い、人や天敵が容易に近づけない断崖絶壁の空。しかし、緊張が続く朝鮮半島のその空は、兵器・チャフによって汚染された空であることをアマツバメは教えている。

## 巨大ノミ　●三月二十一日

ノミの一般的な体長は一～三ミリほどで、翅（はね）がなく、体は左右に扁平（へんぺい）で、特に後脚は太くてよく跳びはねる。一方、同じ吸血性でもシラミの体は上下に扁平で動きが鈍い。

三月一日付の英科学誌「ネイチャー」で、中国の中生代ジュラ紀の地層から二センチを超える巨大ノミの化石が見つかったと発表された。このノミは最古のノミと考えられ、体がシラミのように上下に扁平で、口器が管状で長く、後脚も細く、現在のノミとは大きく異なる。

この原始的なノミの頑丈で細長い吸汁型の口器をはじめとするさまざまな特徴から、ノミの起源は中生代に発達した被子植物の花から吸蜜していたシリアゲムシの仲間に遡り、その共通の祖先の一部がジュラ紀に羽毛のある恐竜に寄生するようになった可能性が高いという。

恐竜の血を吸い、その大きさに依存して巨大化したと思われるジュラ紀のノミ。それは、恐竜の絶滅とともに滅びたが、共通の祖先から進化した子孫は小型化し、毛や羽毛の間をすばやく潜り抜けて移動できるように体を左右に扁平にしてさまざまな哺乳類や鳥類に寄生し、種分化を遂げた。

現在、ノミは世界で約二千種、日本で約八十種記録されている。一部はヒト、イヌ、ネコ、ネズミなどにも寄生して種分化し、特にネズミに寄生する種は、ヒトとネズミの関係が深まる中でヒトにペスト菌を媒介し、その惨害はついには人類の歴史を変えるまでに至った。

恐竜が絶滅した天変地異にも耐え、生き残って繁栄してきたノミの巧妙な生存戦略と侮れない力。中生代の地層から現れた巨大ノミの化石は、一億六千五百万年にわたるノミの進化と適応の歴史を語りかけている。

# ハエとやけ酒

●四月二十日

雌と交尾できなかったキイロショウジョウバエの雄は、アルコールの入った餌をより好むという研究結果が、米科学誌サイエンス三月号に発表され、「ハエもふられてやけ酒？」として三月二十一日付の本紙で紹介された。

論文のデータをみると、確かにふられた雄のアルコール依存が一時的に高くなっているが、そもそもキイロショウジョウバエは、熟した果実や果実を代謝してアルコール発酵を行う酵母などを餌とするため、アルコールに強く誘引される。寿命の短いハエにとってやけ酒に浸っている暇はなく、満たされない雄バエのアルコール依存は、摂食や繁殖に向けた切実な行動で、他の個体に影響を及ぼすこともない。

一方、人のアルコール依存はどうだろうか。鳥取大学などに

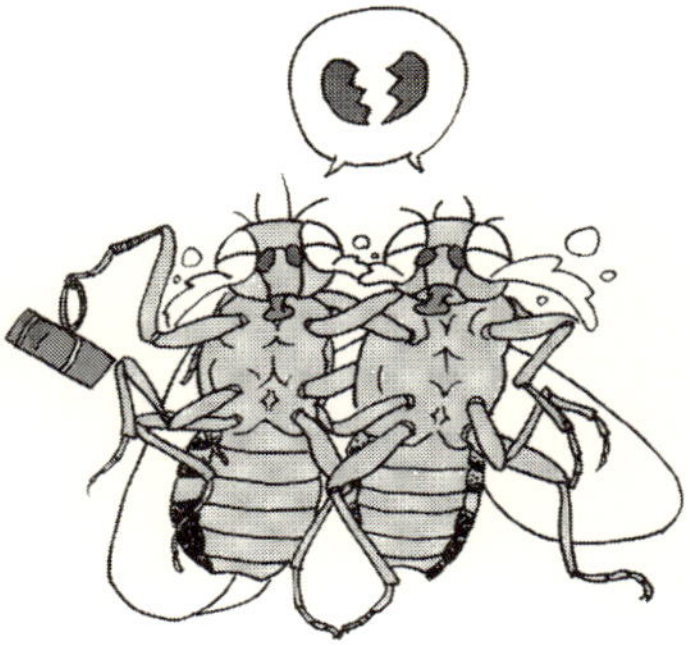

よる調査によると、全国でアルコール依存の疑いのある人は四百四十万人、アルコール関連の問題行動の被害を受けている人は三千四十万人と推計されている。最近では女性と高齢者のアルコール依存者の増加が顕著で、特に高齢者の場合、定年退職後に依存症になる場合も多く、最近の大量退職がその増加に拍車をかけているという。

今回の研究において、ハエのアルコールを好む行動には脳の特定の神経伝達物質が関与しており、ふられた雄ではその量が少ないことが確認された。さらにこの物質の類似物質の動きと機能は人でも同じで、今回の発見は、アルコール依存や薬物中毒に陥るメカニズムの解明に役立つ可能性があるという。

ハエと人のアルコール依存の意味や周辺への影響の違いと依存行動のメカニズムの類似性─。アルコール依存関連の問題解決においては、人はハエに教えを請う必要がありそうだ。

## 河畔林とオサムシ

●五月二十八日

平野部の林地が著しく減少していく中、多くの生き物のすみ場所となり、山地から市街地をつなぐ「命の回廊」となっているのが河畔林だ。その河畔林伐採計画が十勝地方で進んでいる。

伐採の目的は、流下断面の確保、防犯のための茂みの除去、エゾシカの隠れ場所をなくす、などがある。河道沿いの樹林の管理は確かに重要な問題で、伐採せざるをえない場合もあるのだろう。

しかし、気になるのは、伐採においては過去に各地で過剰伐採や河畔林の分断化がみられたこと、また伐採に当たっては植生以外の生物的環境が無視されている点だ。

河畔林には、環境の指標となりうる昆虫として知られる多くの種のオサムシ科甲虫類も生息している。研究室の池田翔子さんが、修士論文で十勝地方のさまざまな河畔林とそれらに隣接した河原および農耕地のオサムシ類を詳細に調べ、豊かで成熟した植生の河畔林にすむ種、人為かく乱や増水にさらされやすい不安定な河畔林に適応した種、より氾濫の頻度の高い河原に出現する種など、河畔環境におけるオサムシ類の環境指標性を類型化してくれた。

また、世界で北海道にしかいないオオルリオサムシという希少な種が生き残っている河畔林があること、河畔林と河原が、隣接する農耕地の作物害虫を捕食するオサムシ類の供給地となっ

ている可能性も示された。

河畔林は、これまでさまざまな人為および自然かく乱の影響を受けてきたが、そこにすみついたオサムシ類などの昆虫は、それぞれ独自のすみ場所で機能し、かつそこの環境の状態を示すことが多い。伐採の前にどんな河畔林なのか、虫を調べて彼らに聞いてみるのもいい。

## 貿易自由化と外来生物

●六月二十九日

環太平洋連携協定（TPP）、経済連携協定（EPA）、自由貿易協定（FTA）…。貿易自由化をめぐって、特に農業に及ぼす影響が懸念されているが、陰に隠れている問題として外来生物の侵入がある。

外国からの有害な動植物の侵入は、植物防疫法に定められた検疫によって防いでいる。しかし、農水省が貿易自由化に伴う外圧によって一九九九年から植物防疫法を一部緩和して以来、外国産の甲虫類が国内で大量に輸入・販売され、逃げ出した個体による在来種との交雑によって雑種が誕生し、在来種への遺伝的な侵食が問題視されている。

そんな中、昨年三月に農水省はさらに輸入植物検疫を見直して、国内にすでに分布する種であることなどを理由に新たに百九十四種を検疫対象有害動植物から除外し、規制を緩めている。しかし、同一種でも系統や加害様式が異なる集団が存在する場合がある。

作物を吸汁加害するナミハダニというダニは、二〇〇三年まで検疫対象害虫だったが、日本にすでにいるダニの検疫制度のためにアメリカがリンゴを日本に輸出できないのは貿易ルールに違反するとして世界貿易機関（WTO）に提訴し、検疫撤廃の判決に相当する報告書が公表された。その結果、ナミハダニは検疫対象からはずされ、「輸入自由化」となった。

ナミハダニは、世界的に分布しているが、種内で国や地域によって遺伝的に違いがみられ、薬剤抵抗性も大きく異なることが知られている。このような害虫が自由に侵入した場合、防除において混乱を招く恐れがある。

有害生物の侵入を防ぐ植物防疫法という防波堤が、大国主導の自由貿易拡大の流れにのみ込まれつつあるようだ。日本の自然と農業を守るために、在来および外来生物の遺伝的多様性にまで目を向けた対応が求められている。

# スズメバチとヒト

●八月二日

社会性昆虫のスズメバチは、樹皮や植物の繊維を集め、それを唾液で溶かし、練りのばした紙状の断片で巣を作る。すなわち、スズメバチはヒトよりはるか昔に紙を発明し、雨やカビなどに強い耐水性、抗菌性の巣を作り上げてきた。

また、スズメバチは、巣内の幼虫の餌を集めるため、一日何十キロも飛行する驚異的なスタミナをもっているが、その秘密は幼虫からもらって摂取する液体食料にある。その成分は、ヒトが摂取するタンパクと異なり、エネルギーをより効率よく生み出すアミノ酸組成をもち、ヒトより進んだ食物を作り出していた。今やそれは、持久力向上のためのスポーツ飲料に応用されている。

そんなスズメバチの仲間で、太陽光を電気エネルギーに変える種が見つかったことが一昨年の十二月にドイツの専門誌で発表され

た。このハチの背面の表皮は光を透過させる構造で、黄色い特殊な色素が含まれ、この特徴から「色素増感型」と呼ばれる太陽電池を試作すると光エネルギーが電気エネルギーに変換された。また腹部の黄色と黒のしま模様に電圧が発生していることが分かった。

太陽光を電気エネルギーに変換して直接利用する動物の発見は初めてとされ、スズメバチはヒトよりはるか昔から電気エネルギーを作り出して代謝に利用しているようだ。

ヒト以外の動物は、目の前のことしか判断できないともいわれる。しかし、社会性を維持する上での先を見据えた住、食、エネルギーにおけるスズメバチの発明や知恵には驚かされる。一方、長期的な判断が必要なエネルギー、放射性廃棄物処理、財政赤字などあらゆる問題を先送りするヒト社会。目の前のことしか判断できないのはヒトなのかもしれない。

## ジュラ紀の鳴き声 ●八月十七日

キリギリスやコオロギが鳴く時は、雄の前翅(ぜんし)二枚にある「こすり器」とギザギザの歯からなる「やすり器」をこすりあわせて音を出す。バイオリンに例えれば、それぞれ弓と弦に当たり、特にやすり器の歯の数や構造の違いが、種独特の音色となって響きわたる。

中生代ジュラ紀に生息していたキリギリスの鳴き声を復元したとする論文が、今年二月のアメリカ科学アカデミー紀要に掲載された。中国で発掘された約一億六千五百万年前の保存状態のよい化石に残っていたやすり器の歯の構造や密度などから周波数を割り出し、鳴き声を復元したという。

その鳴き声の周波数は、六・四キロヘルツとキリギリスの仲間としてはやや低いが、単純かつ澄んだ音色で、現存のカネタタキの鳴き声に似ているとされる。

当時発達した針葉樹や巨大シダ類の森林の中で、世界最古の虫のラブソングというこの鳴き声はどのように響き、闊歩（かっぽ）していた恐竜をはじめとする肉食性のは虫類、昆虫食の両生類や小型哺乳類などがそれに対しどのように反応したのだろうか。

ジュラ紀の時代から雄が繁殖期に鳴くことで雌を呼び寄せる戦略を確立させていたキリギリスの仲間は、一部は捕食者が聞くことのできない周波数で鳴いたり、コウモリの超音波に対して回避行動をとる能力を持つなどして繁栄を遂げた。

幾多の環境変動を伴った長い地球の歴史の中で、巧みな知恵と工夫で生き抜き、現在の変わりつつある自然環境の様子を鳴き声で教えてくれるキリギリスやコオロギたち。秋、音を奏でることによって連綿とつないできた小さな命の変わらぬ響きが、一億六千五百万年の時空を超えて私たちに語りかけている。

## 身近な異変 ●九月十八日

今夏、灯火に誘引される昆虫の調査を帯広近郊の河畔林で行ったところ、カブトムシが数多く飛来するという異変に遭遇した。もともと北海道にいなかったカブトムシは、本州産の飼育個体の放逐などで野生化し、近年では北海道の各地でみられるようになったとされるが、十勝では主に陸別や足寄に限局して生息し、帯広市周辺ではほとんどみられなかった。

一説によると、陸別でのカブトムシは、野ざらしにされたきのこ栽培用のバークや木くずで発生するようになったという。これら発生源の発酵熱で幼虫の生存率が高まり、徐々に北海道の寒さに適応して分布を拡大しているようだ。

本来いないはずのカブトムシの問題として、在来のクワガタと

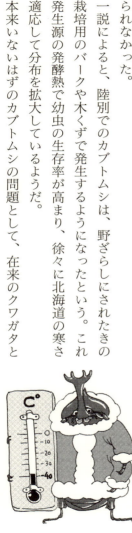

の生息環境や樹液をめぐる争いが考えられるが、発生時期、幼虫の生息場所、樹液の摂取方法などが微妙に異なっており、実際に影響を与えるかどうかは明確でない。

現在、道内で害を引き起こして分布を広げつつあるのが木造建物の害虫であるヤマトシロアリだ。このシロアリは、以前は北海道では道南および道央に分布していたが、近年、道北の留萌や名寄でも見つかった。

北海道のシロアリがどのように侵入・拡大したかは不明だが、木材などに付着して分布を拡大した可能性が考えられている。また、札幌の個体群は優れた耐寒性を有し、留萌の住宅での生息確認例では、過剰暖房がシロアリの生存率を高めた可能性があるという。

カブトムシもシロアリも人為的に分散して好適環境で生き残り、北海道の寒さに適応しながら徐々に分布を拡大するという共通性を持っているように思える。身近な生き物を注意深く観察し、異変に早く気付く必要がありそうだ。

帯広で見いだされたカブトムシ

## 争いの島の生き物たち

●十月二十二日

領有権をめぐって深刻な問題になり、大きく報道されている尖閣諸島。しかし、その小さな島にすむ生き物についてはあまり知られていない。尖閣諸島は、どの地域からも隔たり、長い地理的隔離の歴史があるため、特に魚釣島には固有の生物がいる。

動物ではセンカクモグラ、昆虫ではセンカククキラホシカミキリ、センカクズビロキマワリモドキ、ウオツリナガキマワリ、オキナワクロオオアリの四種、植物ではセンカクアオイ、センカクオトゼリ、センカクハマサジの三種ほか計十三種の生物は世界で魚釣島にだけ生息する。

これらの生物の生息を脅かしているのが、今年九月、東京都による島の調査において映像で映し出されたヤギだ。魚釣島のヤギは、一九七八年に民間政治団体によって雌雄各一頭が放され、今では数百頭にまで増加したとされる。

世界各地の島しょにおいては、ヤギやシカなどの有蹄類による採食や踏圧により植生が破壊され、島の生物相や生態系に大きな影響が及ぶことが知られている。魚釣島では、ヤギの影響によってすでに島の植物群落の一三・六％が裸地化しているという。

魚釣島のヤギ問題では、日本哺乳類学会と日本生態学会が、ヤギの除去などを求める要望書を二〇〇二年と〇三年にそれぞれ環境省などに提出した。しかし、領土問題のためにヤギの除去どころか島への上陸自体が許可されない異常な事態となっている。

大陸との接続と隔離を何度も繰り返す中、長い時間をかけて独自の進化を遂げた尖閣諸島の生き物たちとその特異な生態系。東シナ海の共通の宝としての島の自然を守るために、より高い次元に立った早急の対応が求められている。

## 原発と被ばく牛　●十一月二十八日

この十月と十一月、畜産分野における放射能汚染と昆虫との関係に関する調査のため、福島第一原発の事故によって警戒区域に指定されている福島県浪江町と出入りが自由になった南相馬市の境界に位置する牧場を訪れた。

国は、放射能汚染のためこの地域の家畜の殺処分を決めたが、家族同然に育ててきた家畜を殺処分する畜産農家の心境は他者には計り知れない。この牧場の吉沢正巳場長は、「殺処分は原発事故の証拠隠滅」とし、牛を被ばくの研究に役立ててもらい、「生きた証し」としたいと、三十二ヘクタールの敷地で約四百頭の肉牛を飼い続けている。

この牧場では被ばくと餌不足の影響から、弱った母牛やそれから生まれた子牛はやせ衰えて数日おきに死んでいる。経済的価値を失った家畜の管理は追いつかず、牛の白骨がそのままの状態に置かれ、診断のつかない皮膚病も発生するなど、原発事故による畜産農家の悲惨な状況がある。

原発問題は、企業の利益優先の結果、関係のない不特定多数の市民の生命や生活に大きな影響を与えるという点で高度成長時代に起きた公害に似ている。しかしそれが公害とやや異なるのは、原発の背景にある電力消費を促す社会システムの中で、一般市民が電力を享受し、その消費増大に関与している点だ。

生き続ける被ばくした牛は、原発事故の悲惨さを伝え、放射能汚染が直接および汚染された餌を通して家畜に及ぼす影

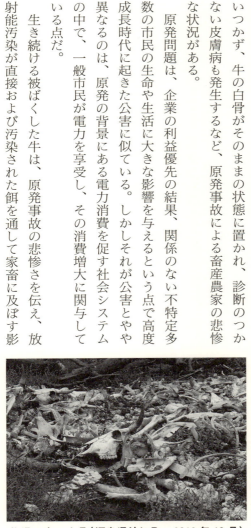

牧場の牛の白骨（福島県浪江町；2012 年 10 月）

響に関する何らかのデータを提供してくれるに違いない。

しかし、被ばく牛が突きつける問題の根本は、経済・効率を優先した大量生産・大量消費・大量廃棄をあおる社会と、その象徴としての電力消費にのせられる私たちの生活のあり方にあるのかもしれない。

## 木を見て森を見ず

●十二月二十一日

先月、筆者の専門に関係する世界の百人以上の研究者に「欠陥のＤＮＡ解析」と題するメールが配信された。日本人と中国人が書いたＤＮＡ解析に基づく論文の間違いに関する警鐘のメールだ。

日本人の論文は、ラン科植物に寄生するハエの一種について科を決定してＤＮＡ解析を行い、新属新種として記載した上、その種のＤＮＡに基づく系統学的位置を論じた。しかしそのハエは、全く別の科に属する日本やヨーロッパですでに知られている種だった。

中国人の論文は、同じラン科植物に関係するハエの花粉媒介性に関するもので、種を形態と

DNAバーコードで同定したとされるが、それも全く別の科に属する種類だった。

二つの例は、昆虫学や動物学において基本的な形態学的精査を行わずに、遺伝子の一部の領域のみを増幅・解析して結論を出す現在の風潮の危険性を浮き彫りにした形だ。特に形態を見誤ったDNA解析の場合、間違いに間違いの上塗りをすることになる。

さらに問題なのは、この二つの論文がアメリカの有名な専門誌にそれぞれ掲載され、審査が全く機能しなかったことだ。この二つの論文にはハエのカラー写真が掲載されており、その分野の専門家がみれば、一目で科の同定がそもそも間違っていることに気付くものだった。

この問題の背景には、技術の発達とともにさまざまな分野でDNA解析が偏重される傾向があり、基盤となる分類学や形態学の分野の研究者が世界的に極めて少ないことがある。これは、医学・獣医学や畜産学における解剖学や形態機能学においても顕著にみられる。

「木を見て森を見ず」。森全体を見ること、全体的なかたちを見るという基本が今多くの分野で忘れられようとしている。

二〇一三年［平成二十五年］

# トコジラミの逆襲

●一月二十九日

トコジラミは、カメムシ目トコジラミ科に属する昆虫で、別名・南京虫とも呼ばれ、世界の温帯から寒冷帯に広く分布している。成虫幼虫ともに人から吸血することで問題となる。

この虫は、第二次世界大戦前は、世界各地で普通の害虫として知られていたが、大戦後のＤＤＴ、有機リン系やピレスロイド系（除虫菊系）殺虫剤などの使用によって被害が激減した。

しかし、二〇〇〇年くらいから世界的に再び被害が増え始め、特にアメリカでは、吸血被害を受けた宿泊客がホテルを訴えることが相次ぎ、社会問題になった。アメリカのペストコントロール業界を対象にした調査では、今やトコジラミは、ゴキブリとシロアリを抜いて最も防除困難な害虫の一位に挙げられている。

日本でも二〇〇〇年以降、都市部の簡易宿泊施設、旅館、ホテ

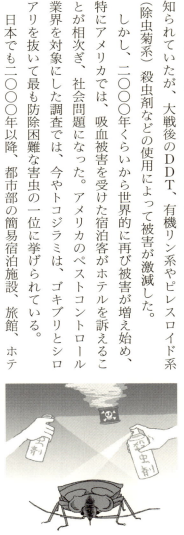

ル、マンションなどでトコジラミによる吸血被害が急激に増加している。
　近年のトコジラミの再興の原因として、世界的な物流や観光・ビジネスなどの人の移動の増大、中古家具の再販・レンタルの普及、イラク・アフガニスタン戦争などによる軍事関連物資・兵士の移動などに伴う拡散、そして殺虫剤に対する抵抗性が考えられている。

　中でも注目すべきは、これまで防除のために使われてきた殺虫剤の特にピレスロイド系に対する著しい抵抗性の発達だ。殺虫剤の連用によって生き延びた個体が世代交代のたびに薬剤抵抗性を増大させ、その子孫がさまざまな経路で世界的に広がり、都市部を中心に再び人を襲い始めたようだ。

　どんな生き物も環境の変化や有害・化学物質に対して身も守るために変化しようとする。殺虫剤という化学兵器によって殺され続けながら防衛能力を高めてきたトコジラミの逆襲が始まった。

# 除染と土壌動物　●二月二十二日

東京電力福島第一原発事故周辺における農地などの放射性物質の「除染」において、表土の削り取り、反転、攪拌（かくはん）などが行われつつある。しかし、特に表土の削り取りは、「効果が不明」「移染にすぎない」などと反対する地元の人も出てきた。

この表土の削り取りには生物への影響の問題がある。除染が必要な農地での表土の削り取りの深さは、汚染濃度によって五センチ以内とそれ以上に分けられている。その五センチから十センチくらいまでの深さの土壌に主に生息しているのがササラダニ、トビムシ、ヤスデ、ミミズなどの土壌動物だ。

このような土壌動物は、植物遺体などの有機物をバクテリアや菌類などの微生物が利用しやすい状態に分解する。さらにミミズ類は、有機物を地下に動かし、地下の鉱物質土壌を地表に運び出して有機物と混合し、隙間を作って土壌の通気性を高めてくれる。

こういった働きをする土壌動物は、農地では森林や草地に比べると貧弱だが、有機質の施肥を中心とした農地では比較的豊富にいる。表土の削り取りは、これら土壌動物に壊滅的影響を与え、鉱物質土壌をむき出しにする。

チェルノブイリ原発事故の際、放射能汚染による土壌生態系への影響を調べたロシアの土壌動物学者・ザイツェフ氏によると、汚染された土壌にすむ土壌動物の多様性の回復におよそ二十五～四十年かかるという。これは、放射線量が自然に衰退していく年数とほぼ一致する。しかし、表土を削り取る除染では、有機質土壌と土壌動物の消失によって、土壌動物ひいては土壌の生産性の回復にはこれより長い年数がかかる可能性がある。農地および周辺の除染においては、土壌生態系への影響をも考慮した対策が求められている。

## 北朝鮮の森のハエ　●四月一日

この二月に北朝鮮が三回目の核実験を行い、不穏な空気が漂う朝鮮半島。国際的に孤立を深める北朝鮮は、昆虫学の分野でも閉ざされており、著しく遅れている北朝鮮の昆虫相の解明は、共産圏の一部の友好国の研究者に依存している。

一九九〇年、当時のチェコスロバキアのブラチスラバでの国際会議に参加した際、スロバキア人の研究者から、彼自身が北朝鮮で採集した七十個体ほどハエの標本が入った標本箱を突然手渡され、種の同定を依頼された。

これらは、ハネオレバエ科というハエの仲間で、多くが森林に生息し、幼虫は植物に寄生する。これらのハエ類を調べたところ、同定した九種のうち二種が新種と認められたために、そのスロバキア人研究者との共著の記載論文を九五年に学会誌に発表したが、それ以来この二種はどこからも記録されていない。

この二新種の種の基準となる標本（模式標本）の産地である「模式産地」は、北朝鮮国内のそれぞれ異なる山岳地帯だ。北朝鮮では燃料不足のため、薪（まき）獲得のための違法伐採や外貨獲得のための伐採などによって、国土の七割を占めていた森林の破壊が進み、土壌浸食や洪水などが毎年のように起きているという。

近年、森林伐採や環境破壊のために、さまざまな生物において、模式産地でその種の生息が確認できない事例が世界各地でみられているが、北朝鮮では生息を確認するための調査自体が困難な状況にある。

日本の多くの生物の起源および渡来経路として重要な北東アジアの一角を占める北朝鮮。朝鮮内外の研究者によって、再び模式産地の森で新種のハエの生息を確認できる日はいつ来るのだろうか。

## ひがし大雪博物館　●四月三十日

東大雪の麓、十勝の上士幌町糠平で一九七〇年に北海道の補助を受けて開館した上士幌町立「ひがし大雪博物館」が昨年十月に四十二年の歴史に幕を閉じた。

これまで、標本の展示や多様な活動、行事による教育・普及は多くの人材を育成し、鳥類・哺乳類・昆虫類・クモ類・植物などの生息分布、生態、繁殖、新種発見など、さまざまな新しい知見を伴った調査研究が発表されてきた。

この博物館の観察会、講演会、自然観察ガイド養成講座、自然保護活動などの各種事業を支援してきた「ひがし大雪博物館友の会」の活動の軌跡は、昨年四月に発刊された三百十五ページにわたる「東大雪の自然・山・人―ひがし大雪博物館友の会の足跡」の冊子に凝縮されている。

筆者も、この博物館の自然観察ガイド養成講座で講演を何度か行ったことがあるが、大学の講義では得られない受講者の反応からその熱心な姿勢と意識の高さが伝わってきた。

小さいながらも東大雪の自然の特色を生かした展示と目を見張る世界の昆虫標本、そして大都市の博物館にはまねのできないさまざまな活動は輝きを放っていた。歴代の学芸員の尽力には頭が下がる。

それにしても、日本では財政難の市町村が博物館を管理・運営し続けるのは無理なのだろうか。膨大な学術標本を蓄積し、教育・普及や人材育成という機能をもつ博物館は、市町村立であっても都道府県および国の形而上、形而下の財産といえる。一方で、必要とは思えない公共事業に莫大（ばくだい）な国税・都道府県税が使われている現状がある。

この博物館が五月一日から、環境省のビジターセンターとの複合施設「ひがし大雪自然館」として、一部の機能が存続するのがせめてもの救いだった。

## マダニの警告 ●五月二十二日

ダニというと嫌われ者だが、その横綱格はマダニだろう。マダニが媒介する感染症は、日本では少ないが、海外では数多くある。ロシア極東地域では、森林で脳炎ウイルスを媒介するマダニはトラよりも恐れられているという。

今年の一月、国内で初めてマダニが媒介するとされる重症熱性血小板減少症候群（ＳＦＴＳ）ウイルスの感染による患者が山口県で出たことが報告され、これまで西日本を中心に十三人が発病し、八人が死亡していたことが分かった。

感染者には海外渡航歴がなく、検出されたウイルスは、二〇〇九年に中国でＳＦＴＳによる疾患が集団発生した時の原因ウイルスとも異なることから、日本国内で感染したと考えられている。

日本では、マダニが媒介する疾患として古くから野兎（やと）病が知られていたが、一九七五年以降にライム病が北海道や本州中部で、八四年以降に日本紅斑熱が西日本で見られるようになり、九三年にはウイルス性脳炎が日本で初めて北海道から報告された。

しかし、マダニの病原体保有率は極めて低く、必要以上に恐れることはない。しかもマダニは体に取り付いてすぐには吸血しないので、長靴やつるつるしたナイロン製の衣類など

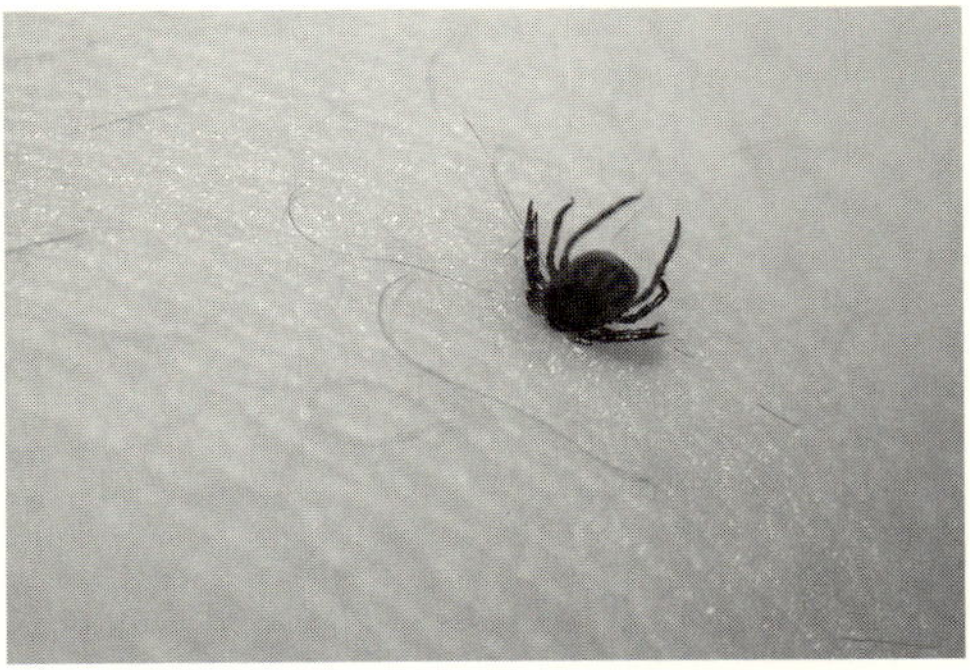

人の皮膚に食い込むマダニ

で付着を防ぎ、常に体をチェックしていれば刺されるのを防ぐことができる。

マダニ媒介性疾患において過去の事例から認識すべきことは、ネズミなどの小哺乳類、シカなどの大型哺乳類および鳥類が病原巣動物となり、開発や森林伐採などの影響によるこれらの動物、マダニ、ヒトの関係の変化の中で新たな感染症が顕在化することだ。

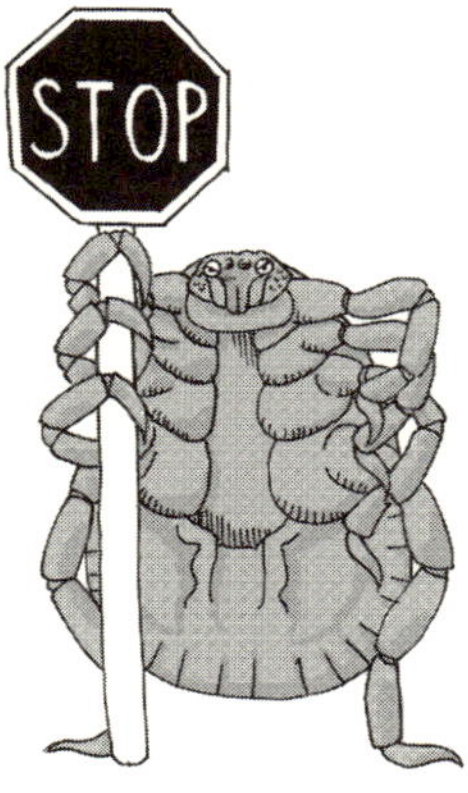


新緑の森で活発に活動するマダニは、森林を思うままに改変し、生態系の複雑な関係の変化を顧みないヒトに警告しているのかもしれない。

## エゾハルゼミの鳴き声

●六月十四日

今年の四、五月の異常な低温にもかかわらず、エゾハルゼミが鳴き始めた。北海道の初夏の到来を私たちに確実に伝え、野山が劇的に変化する六月の新緑の季節に繁殖するエゾハルゼミ。

このセミは、エゾという名前が付いているにもかかわらず沖縄を除く全国に分布しているが、本州以南では主に山地にしかいないので一般にはあまり知られていない。筆者の勤務する大学の学生は道外出身者が六割を超えるが、六月に北海道で鳴いているセミがエゾハルゼミであることに気付く学生はほとんどいない。それどころか、時期はずれに鳴くため、セミではなくカエルや鳥の鳴き声と思いこんでいる学生が少なくない。

エゾハルゼミは、日本のセミの中では最も古い時代に大陸から朝鮮半島経由で渡ってきたとされる。日本列島を北上して北海道にまで分布を広げた後、温暖な気候になって本州以南の平地では絶滅して標高の高い山地に取り残され、北海道では平地に広く分布し、人為的な環境変化にも耐えて生き残ってきた。

一方、北海道の真夏のセミの中には森林伐採や河畔林の消失などの人為的な影響を受けて、今ではほとんど見られない種もいる。樹木のある環境でセミの声が聞こえなくなった時、私たちは景観だけではわかりにくい自然の変化にあらためて気付く。

真夏のセミとは一線を画し、繁殖の時期を初夏に組み込んで北海道の自然と気候に巧みに適応しながら連綿と命をつないできたエゾハル

ゼミ。
新緑の野山で、二〜三週間という短い命を燃焼させ、自然の様子を私たちに伝えてくれるこのセミの鳴き声にもっと注意深く耳を傾けたい。

## 昆虫少年　●七月十九日

十数年前、十勝管内の「昆虫少年」とおぼしき小学生から担任の先生を通して手紙を頂いたことがある。昆虫が好きで将来は昆虫学者になりたいがどのようにしたらよいかという内容だった。このような昆虫少年は、今や絶滅が危惧されるくらい少なくなっているという。

今年五月、大学の学部三年生に対して、昆虫の目（もく）の検索と同定の実習をグループ別に行った。番号を付けた昆虫の標本が属する目を同定する実習で全問正解になるまでやるのだが、六人の男子学生グループがハバチ（ハチ目＝膜翅目（まくしもく））の標本をトンボ目と同定したことに驚かされた。

少年時代にトンボを捕まえたり、身近で観察した経験があれば、ハバチがハチ目であることが分からなくても、少なくともそれがトンボでないことに気付くはずだが、そうではなかった。

以前は、このような昆虫の分類群や名前を検索・同定する実習では男子学生グループが圧倒的に速く正解を出した。グループの中に、かつて昆虫少年だった学生が一人や二人はいたからだ。

子供のころに野外で生き物を観察したり、実際に捕まえたりして、その形・特徴、行動などを体験的に学ぶことは、生き物の生活の知恵や自然の仕組みとその大切さを理解することにもつながっていくだろう。

現在の学生は、小さいころからゲーム、パソコン、ネットなどに長時間費やし、野外で遊んだり、生き物を観察したりする時間は極めて少ないようだ。昆虫少年の希少化は、自然環境とともに子供の成育環境の劣化をも映し出しているように思える。

夏休み、子供たちが野外で生き物とふれあい、それらをじっくりと観察する時間を持ちたい。

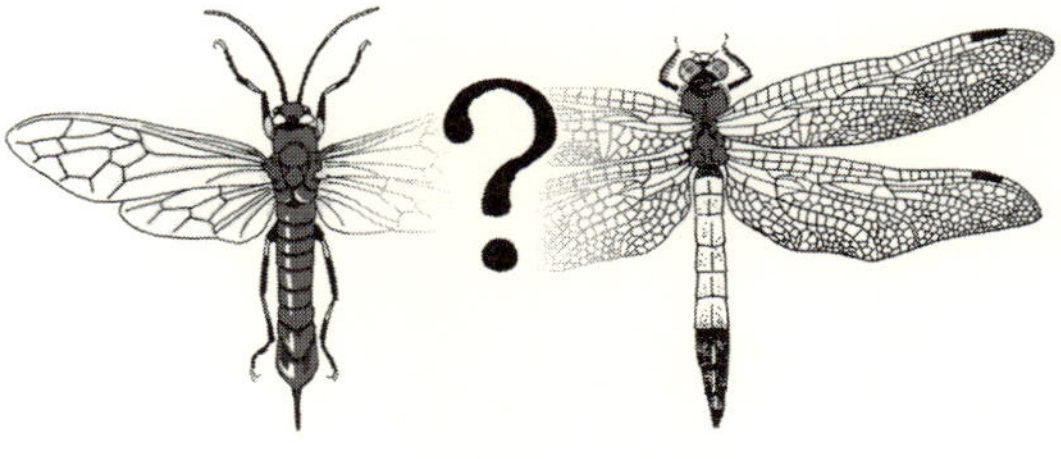

# コメ輸出と虫一匹

●八月二十六日

貿易自由化をめぐる国同士の駆け引きでは、関税が主要な問題となる。二〇〇五年に「攻めの農業」を打ち出した政府は、中国へのコメ輸出拡大に力を入れようとしているが、問題となっているのは関税ではなく、害虫をめぐる検疫問題だ。

コメの貯蔵段階における主要な害虫といえば、コクゾウムシ、ノシメマダラメイガ、コナナガシンクイムシなどがあげられる。しかし、〇七年に中国は、自国にいないカツオブシムシ類三種の侵入を極度に警戒し、これら三種が日本の精米工場に一匹もいないことの証明を強く求めた。これが中国へのコメ輸出拡大の障害となっている。

その三種は、ヒメアカカツオブシムシ、ヒメマダラカツオ

ブシムシおよびカザリマダラカツオブシムシで、これらはもともと日本にいなかった外来種だ。これらのうち、一種は根絶されて今は日本では生息していないとみられ、生息する残り二種による日本でのコメの被害も極めてまれだ。

中国がこれらのカツオブシムシ類にこだわる真意は不明だが、中国は伝統的に自国の生き物の持ち出しや外来種の侵入には極めて敏感な国だ。一方で、中国が日本に対して自国の農産物輸出で有利な条件を引き出す戦術との見方もある。

いずれにせよ、さまざまな物資の輸入拡大の過程で、日本の検疫が追いつかず、多くの外来種の侵入を許してきたことのつけが回り、中国に足もとを見られる形となっている。

虫一匹を笑う者は虫一匹に泣く。中国へのコメ輸出拡大の難航は、小さな虫一匹の存在や侵入が貿易自由化に与える影響の大きさと外来種の侵入防止の大切さをあらためて私たちに知らしめている。

# 足下の発見　●九月二十五日

私たちが踏みつける土の下には多くの土壌動物や昆虫がすみついている。その中でも、アリは常に私たちの足下（あしもと）にいる身近な存在で、いたるところで見ることができる。

そのアリ社会に入り込んで、餌を奪ったり、アリ幼虫を食べたり、寄生したり、また共生関係を結んだりする昆虫がいる。これらは好蟻性（こうぎせい）昆虫と呼ばれ、ハネカクシ、エンマムシ、オサムシ、シジミチョウ、アブ、ハエなど極めて多様だが、一般に観察されることは少ない。

「アリの巣をめぐる冒険―未踏の調査地は足下に」（東海大学出版会）の著者、丸山宗利九州大助教は、この土の中や上にいる好蟻性昆虫を徹底して調べ、短期間に日本やアジアなどから多くの新属新種を発表した。さらに、同氏らによって今年出版された「アリの巣の生きもの図鑑」（同出版会）では十三目四十四科百六十六種の好蟻性昆虫が豊富な写真とともに網羅されている。

アリにそっくりなハネカクシ、奇妙な触角を持つヒゲブトオサムシ、おわんを逆さにしたような形のアブ幼虫、奇怪な姿のノミバエなど珍奇な昆虫群には目を見張る。

このような珍しい種や新種の発見は、未開の地や特殊な環境でなければ成し遂げられないと考えられがちだ。しかし、少し視点を変えること、そして粘り強い観察によって私たちの足下は多くの新しい発見に満ちている。

足下の意外な発見の可能性—それは研究者だけでなく、私たちの生活の中で誰もが持っているものだろう。自然の恩恵、地域の美しい景観、観光資源、小さな命の輝き、新しい生活スタイル、何げない日常の幸せ、平和…。私たちは、足下にある多くの価値あるものを十分に見いだせないでいるのかもしれない。

## ハチを知る

●十月二十三日

ハチといえば攻撃性が強いと思われがちだが、ミツバチやマルハナバチは概しておとなしい。この九月に札幌で行われた秋季全道高校野球大会で、試合前にミツバチの大群が球場内に飛来し、試合が中止になる騒ぎがあった。大会関係者は、駆除業者を呼んでこのミツバチの群れを駆除したという。

この大群は分封（ぶんぽう）というミツバチの巣分かれの行動で、数千匹の集団となって移動するが、この集団で移動する時期は特におとなしく、人を襲うことはない。ハチということで恐怖感があったと思うが、少なくとも大会関係者の中にこのハチがミツバチであることに気が付く人がいて、駆除業者でなく養蜂業者を呼んでいれば、巣箱や袋に生きたまま集めることができ、数千匹のミツバチを殺さずにすんだであろう。

ハチは一匹でも問題になることがある。過去に、出発直前の航空機内にマルハナバチ一匹が侵入して騒ぎとなり、出発が数時間遅れたことがニュースになった。これも、航空関係者がマルハナバチ類に攻撃性がないことに気付き、さらに航空機内に捕虫網を一つ常備しておけば大幅な出発時刻の遅延はなく、それに伴う損害も受けなかったであろう。

攻撃性が強いといえばスズメバチ類だが、これもよほど巣に近づいた場合に限られる。そして、スズメバチがいそうな山林や公園などに行く場合は、肌を露出しない、帽子をかぶる、首にはタオルなどを巻くなど準備しておけば大きな被害を防ぐことができる。

（訳）冷静になってハチを見よう

私たちの生活に密接に関係し、習性と行動の多様性は動物界随一で、極めて多くの益虫といくつかの害虫を含むハチ目昆虫。一人でも多くの人がハチのことを知っていたいものだ。

## ペンと剣と真実 ●十一月二十日

先月、太平洋戦争末期の学徒出陣から七十年の献花式が早稲田大学で開かれた。早大によると、一九四三年の壮行会で当時の総長が「今こそ諸君がペンを捨て剣をとるべき時期が到来した」と訓示したという。

思想統制されていた戦時中とはいえ、学生を戦地に送ることにためらうこともできないほど時の権力にのみ込まれ、学問の自由を失った大学人のありさまにはあらためて驚かされる。しかし、そんな時代にペンを捨てなかった一部の大学人・知識人もいた。そのうちの一人、北大農学部昆虫学教室の河野広道博士は、科学映画シナリオ「雪虫」の中で、「好戦的なアリの極端なものは他のアリを攻撃して寄生生活をする。これらのアリは武器は発達しているが、自分で餌を探すことができず、環境の変化に適応する能力も小さく、絶滅への道をたどっている」

と、社会性昆虫の寄生性アリを通して、侵略の道に突き進んでいた当時の世相を鋭く切り取っている。

専門の昆虫学にとどまらず、幅広い分野でペンを執り続けた河野博士は、三十五年に当時の特高警察によって、治安維持法違反の名の下に逮捕・拘留された。北大ではその三年前に、学生六十人以上が同法違反の活動をしたとして逮捕され、特高によるずさんな取り調べを鵜呑(うの)みにした大学側が学生の退学などの処分を下したという。

戦前・戦中の軍事体制の中、機密を保護する法律の拡大解釈による思想弾圧でどれだけの人が犠牲になってきただろうか。

先月末、「特定秘密保護法案」が国会に提出された。防衛、外交、警察、原発などの権力者の都合の悪い情報が際限なく秘密にされ、真実を追求し、語る者が逮捕・拘禁される時代が再び忍び寄ってくるように思える。

## 水銀汚染と食物連鎖　●十二月二十五日

世界で最も深刻な水銀による人的被害とされる水俣病の教訓をもとに、水銀の利用や排出を規制する「水俣条約」が、今年十月に熊本市で採択された。

水俣病は、水俣湾において工場排水に含まれていたメチル水銀濃度が食物連鎖によって上昇した魚介類を食べたことによって起きた。特に金属は、上位にある捕食者に高濃度に蓄積しやすく、閉鎖的な湾や湖ではその傾向は強いとされる。

一方その後、河川でも同じ水銀中毒による被害が新潟県阿賀野川流域で発生した。「新潟水俣病」とも呼ばれるこの水銀中毒における食物連鎖は、水俣湾のそれとは水生昆虫が介在した点で異なる。

流水では水銀が魚介類に蓄積しにくいように思われがちだが、魚類の餌として大きな割合を占める水生昆虫は、生物濃縮の過程で一定の役割を果たすとみられる。

近年、アジア、南米、アフリカなどでは、特に金採掘の現場で金精製過程で使われた水銀が河川に流出し、そこの魚を食べている流域住民に水銀中毒の症状が表れているという。

今後、こういった汚染・被害の実態解明と水俣条約の批准および実効性において日本の役割が期待されるが、これまで日本は中国を含むアジア諸国に対する有数の水銀輸出国となっている。

そんな状況下で最近、琵琶湖で食物連鎖の上位にあるオオナマズから基準値を上回る濃度の水銀が検出された。その汚染は、中国が排出する水銀が大気に乗って日本に運ばれ、雨とともに川や湖に落下後、濃縮したためであることが滋賀県立大の研究者によって示された。

私たちが生活する上で排出する物質が、どんな環境でもさまざまな形で私たちに返ってくることを水銀汚染はあらためて教えている。

# 二〇一四年【平成二十六年】

## 糖尿病とウジ虫 ●一月三十日

英国の医学雑誌「ランセット」によると、世界中で糖尿病のために三十秒に一本の割合で脚が切断されているという。日本でも同様に下肢切断を余儀なくされている人が少なくない。その原因となる糖尿病性潰瘍をウジ虫で治すという驚きの治療法を紹介した「糖尿病とウジ虫治療」(岡田匡著、岩波科学ライブラリー)が昨年十月に出版された。

近代におけるウジ虫療法は第一次大戦後、アメリカを中心に行われるようになったが、抗生物質の発見・開発によってその出番はなくなった。しかし、耐性菌の出現により抗生物質が効かなくなるという現代医学の手詰まりの中で、再びウジ虫療法が脚光を浴びるようになった。

日本でのウジ虫療法は、二〇〇五年に初めて医療用の無菌性ウジ虫の生産と販売が開始されてから本格的に始まった。潰瘍部に放たれたウジ虫は、壊死(えし)組織だけをきれいに食べ、抗菌物質を含む唾液による体外消化で患部を滅菌する。さらにウジ虫は、良好な肉芽組織の形成を促進し、傷の回復を速めるという不思議な力をもっている。

近年、急速に発展する生命科学とそれに伴うめざましい医療の進歩。しかし一方で、四億年の歴史をもち、幾多の環境変動に耐え抜いてきた小さな虫たちの基本的な働きを私たちは見落としてきたようだ。それどころか、人は腐肉・腐敗物の分解者として働くウジ虫を嫌悪し、駆除の対象としか考えてこなかった。

私たちが生きる基盤は、生態系の底辺で資源を分かち合い、過不足なくそれぞれの役割を果たすあらゆる生命のつながりによって築かれている。人の下肢切断を防ぎ、命をも救うウジ虫は、地球上のすべての生命の優劣のない存在意義を私たちに呼び覚ましている。

## アブラムシの警告 ●二月二十六日

ヒトは、一度に千ミリシーベルト以上の放射線を受けると直ちに悪影響が出るとされる。一方、昆虫は一般に放射線に強く、その生存・発育および繁殖が影響を受けるのは、数万〜数十万ミリシーベルトという極めて高い放射線濃度であることが報告されてきた。

先月、北大の秋元信一教授が、福島第一原発事故によって放出された放射性物質の影響とみられるアブラムシの奇形発現に関する論文をイギリスの専門誌「エコロジー・アンド・エボルーション」に発表した。

それによると、二〇一二年六月の福島第一原発から三十二キロ離れた場所での調査で、アブラムシの一種の一齢幼虫百六十四個体のうち、腹部が二つに分かれている個体、触角や脚が欠けている個体などの奇形が一三・二%見られた。一方、全国七カ所の対照地域からの千五百五十九個体の奇形率は三・八%であった。

福島での当時の調査地域の空間線量は、毎時四マイクロシーベルトという昆虫にとって低線量と思える値だが、樹皮に産み付けられたアブラムシの卵がその樹皮周辺に沈着した放射性物質の放射線によって、一部の感受性の高い個体が胚発生の過程で影響を受けたとみられる。

低線量の放射線被ばくの生物への影響については、ある閾値（いきち）以下では安全とする意見と、一定の閾値で線を引くことはできないという意見があり、専門家の間でも見解が分かれている。

福島第一原発の警戒区域外の地域における、放射線に強いとされる昆虫の小さなアブラムシ幼虫の高い奇形率。それは、放射線による生物への影響が、種類、個体、発育段階によって大きく異なることを示すとともに、低線量被ばくの危険性を私たちに警告しているのかもしれない。

## 早春の花と虫 ●三月二十八日

早春、雪解けとともに咲く花を待ちかまえていたかのように現れ、特定の花に決まって訪れる昆虫がいる。フクジュソウの数種のホソヒラタアブ類、フキノトウのエゾクロヒラタアブだ。

これらの昆虫は、春一番の花に訪れ、その後の夏に咲くさまざまな魅力的な花には目もくれずに翌春まで姿を消す。早春でも、やや遅れて咲くエゾエンゴサクは、越冬から目覚めた舌の長いマルハナバチの女王を誘惑し、受粉と引き換えに蜜を提供する。

こういった早春の花と虫との間には、一年に一度、この時期だけの出会いを約束した共生関係の絆がある。

早春、フクジュソウを訪れるハナアブ

最近、早春の植物や花に深く関係する新種のハエ類が北海道で相次いで発見された。これらのハエ類は、雪解け直後のまだ寒い時季に現れ、植物と共生または寄生関係をもち、その後の長い期間を幼虫やサナギで過ごして翌年の早春にまた現れるようだ。

他の昆虫がまだ活動していない寒い時季に現れる昆虫には、未知の種が少なくないとみられ、その季節に対する適応は他の昆虫と大きく異なると考えられる。

このような昆虫は、早春に活動や繁殖の照準を合わせ、夏、秋、冬を独特の生活史に組み込んで進化してきた。そんな昆虫にとってこの時期は、天敵に襲われる危険性が少なく、早春の花や植物を独り占めにできる。

しかし、早春の花も、フクジュソウのように希少種になったり、エゾエンゴサクでは外来種セイヨウオオマルハナバチによる盗蜜によって受粉効率の低下が報告されるなど、ヒトや外来種のふるまいの脅威にさらされている。北海道の厳しい冬を乗り越えてきた早春の花と虫の逢瀬(おうせ)を大切に見守りたい。

## ミツバチと安倍政権　●四月二十三日

「分封（ぶんぽう）」と呼ばれるミツバチの巣分かれでは、一万匹ほどの規模で新しいコロニーがつくられる。新しい巣場所の選択に当たっては、数百匹の古参の探索バチが、得た情報を活発に議論した上で一番良い場所を決定して群れ全体の意思とする。

ダンスと翅（はね）の振動音などの言語によるミツバチの民主的な意思決定過程の詳細な観察をまとめた「ミツバチの会議」（トーマス・シーリー著）が昨秋出版された。

ミツバチ集団の意思決定の中で最も注目すべきは、権力が探索バチに平等に分散していることだ。社会性のハチでは女王がすべてを支配するとみられがちだが、巣場所選択の議論において女王は権限をもっておらず、指導者の独裁による悪影響を防ぐしくみがある。

探索バチが多様な候補地を見つけ、選択肢を明らかにした上で、意見・情報を自由に述べてそれらを集約する。その際、探索バチの意見や情報の高い多様性が優れた巣場所獲得の基盤になるという。

現在の安倍政権による国民の意思決定過程はどうだろうか。国のあり方、方向を決める重要な事案では、首相の考えが前面に出て、自由で慎重な議論が置き去りにされ、政権内には意見の多様性が失われているように思える。指導者とそのとりまきによる間違った信念と決定が、国内外の人々に途方もない惨害をもたらすことは先の大戦が証明している。

数百万年にもおよぶ歴史の中で磨かれた民主的、合理的な話し合いによって最高のすみかを選び出すミツバチ。安倍政権とそれを生み出した私たちは、ミツバチの会議に学ぶ必要があるようだ。

## タマムシの輝き ●五月二十三日

美しい金属光沢があり、装飾具に加工されるなどして珍重されてきたタマムシ。その表皮は物理・化学的に強固な物質を含むため、輝きは死後千年以上も変わらない。

約千四百年前に作られた法隆寺の国宝「玉虫厨子（たまむしのずし）」にはタマムシの翅（はね）が装飾されていたが、長い歳月によって翅自体はほとんどが失われ、厨子本体は黒ずんで華麗さは失われていた。

岐阜県高山市の造園業、故・中田金太さんが、伝統工芸職人を集めて五年かけて制作した「平成の玉虫厨子」を、この三月に高山の「茶の湯美術館」で見た。

この玉虫厨子に使われたタマムシの翅三万六千枚は、東南アジアで死骸や翅の断片が集積しやすい場所から現地の人々の協力によって採取されたという。

ヒノキ材で作られた厨子本体は、全面漆塗りで、細かく切断されたタマムシの翅は、柱、長押（なげし）、屋根側面などに施された透かし金具の下に装飾され、緑色に輝いている。それはまさに自然のたまものだった。

この玉虫厨子には、後世に文化と技を伝えたい、そして千年以上先の世代にタマムシの輝きを見てほしいという中田さんの願いが込められている。

タマムシは、エノキやケヤキなどの広葉樹が繁殖場所になり、その周辺で日の光を浴びながら飛び交う。しかし、伐採や開発の影響でその数は激減し、絶滅の恐れのある種に選定している都府県も少なくない。

長い進化の過程で、捕食者に対する警告色または種の識別の手がかりとして獲得してきたとみられるタマムシの色と輝き。それは、私たちと未来の世代に文化と技を伝えるとともに、タマムシがすむ環境の価値をも教えているのかもしれない。

## カイコ ●六月二十五日

昆虫には、巣を作ったり、サナギを保護するためにマユを作ったりして、糸を出すものが少なくない。しかし、人が利用でき、質・量ともに優れた絹糸を紡ぐのは、カイコとヤママユの仲間に限られる。

今月二十一日、群馬県の富岡製糸場が近隣の絹産業遺産群とともにユネスコの世界文化遺産に登録された。明治時代にめざましく発展した日本の絹産業の中心的存在だった富岡製糸場とその基盤の養蚕業。日本の近代化と国力増強を核となって推進したのは、カイコだった。

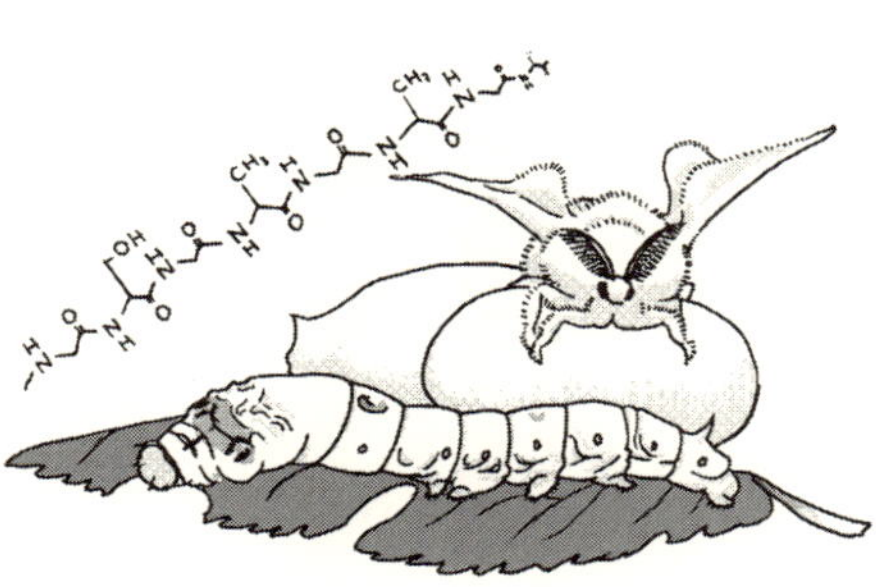

大正時代には、日本人研究者によるカイコの品種改良によって強健で糸量が多い品種が次々と育成され、昭和初期までには養蚕業はピークに達し、絹糸の輸出は王座を占めていた。その後、恐慌、戦争、化学繊維の開発などによって、日本の養蚕業は衰退したが、日本の養蚕農家には高い飼育技術が継承されている。

そして現在、非衣料分野において、カイコが産出する絹糸を構成している絹タンパクの利用技術の研究が進んでいる。そのタンパクの絹フィブロインで作られる絹膜は、優れた透明性と酸素透過性を示すため、コンタクトレンズへの応用が可能となっている。

また、絹タンパク膜は、血栓が形成しにくく、血液適合性素材であることが報告されており、医療分野における人工血管ややけど治療の人工皮膚などの素材として利用できる可能性が高まっている。

古代中国で家畜化され、日本でも二千年の歴史をもち、連綿と命をつなぎ、マユを作り続けてきたカイコ。その小さな虫は、人に多くの恵みをもたらし、時代をつくり、そして未来への夢をも紡いでいく。

## 糞尿発電と原発

●七月二十九日

自然生態系で排泄（はいせつ）された動物の糞（ふん）は、糞食性コガネムシやハエ幼虫などによって微生物が利用しやすい状態に分解され、循環される。ヒト社会における糞はどうだろうか。

近刊「排泄物と文明」（デイビッド・ウォルトナー＝テーブズ著、築地書館）によると、ヒトが人畜の糞を肥料や燃料エネルギーとして利用してきた歴史は古く、今から三千年以上をさかのぼるという。しかし、人口増加、都市化、畜産の大規模化などで人畜の糞尿は「循環」を絶たれ、廃棄物として処理されるようになった。

さらに、糞尿に代わって出現した化学肥料の原料は化石燃料に由来し、電力エネルギーも化石燃料から原子力に依存するようになってきた。

一方、一九八〇年代から糞尿のメタン発酵ガスで発電するバイオガスプラント、「糞尿発電」がヨーロッパを中心に作られるようになり、アジア各地でも農家の手作りプラントは数多くあるという。

十勝管内鹿追町環境保全センターのバイオガスプラントは、二〇〇七年に稼働した。家畜の糞尿による年間発電量は、一般家庭の約五百世帯分になり、余熱でマンゴー栽培やチョウザメの養殖も始まった。

先月、福島県そうま農協（南相馬市）の三十人が鹿追町のプラントを視察した。組合長の「もはや原発に頼ることはない」という言葉は切実な思いとして響く。

後世に放射性廃棄物を残し、事故の際には生命、生活、環境に計り知れない影響を与える原発。その対極にある糞尿発電は、自然の循環の中でしか生きることができないヒトが立ち返るべき原点の一つなのかもしれない。

## 植林と昆虫

●八月二十六日

日本は森林国とも言われるが、全国の森林面積の四割が広葉樹林から針葉樹の植林地となり、北海道でも約三割が植林地となっている。森林伐採に伴う植林は森林生物に影響を与えるが、詳細は不明な点が多い。

筆者の研究室の貝塚淳君が帯広市岩内地区の二十カ所の植林地で、アカエゾマツ、トドマツ、カラマツの三樹種の違いが、捕食者または被食者として重要な位置を占めるオサムシ科甲虫に及ぼす影響に関する修士論文の内容を英文で学会誌に投稿してくれた。

これによると、オサムシ類の大型種や数種の森林性種の個体数はカラマツ林で著しく少なく、一部の森林性種は、アカエゾマツやトドマツで多くみられた。しかし、成熟した広葉樹林に生息する北海道固有種のオオルリオサムシは、これら三樹種すべての植林地で一匹も採集されなかった。

植林樹種の違いによる林冠被度、下層植生、土壌湿潤度、餌資源などの変化によって環境の変化に弱い種が影響を受けるが、針葉樹への転換そのものによって消滅の危機にさらされる種がいることを示している。

森林の生物多様性や森林害虫の天敵の保全のためには、植林地の中での広葉樹林帯の維持、異なる樹種の混植、林冠の隙間の創出などが必要であることが指摘されている。

北海道では、森林害虫の発生種数、発生量はカラマツ林で著しく多い。また近年、本州では針葉樹の大規模植林によって発生した大量の球果が、それを食べる果樹加害カメムシの大発生

を促していることが分かってきた。

植林や森林管理においては、森林生態系にすむ小さな生物に焦点をあてた洞察と施策が求められている。

## 蚊媒介感染症と公園緑地

●九月十二日

デング熱は、主に東南アジアや中南米で発生し、近年感染者数と流行地域が増加・拡大する傾向にあった。

そんな中、約七十年ぶりにデング熱の国内感染がこの八月末に確認され、その後感染者は増え続け、百人を超えた（十一日現在）。ほとんどが東京代々木公園と周辺及び新宿中央公園などで感染したとみられている。

デング熱ウイルスは、蚊を介してヒトからヒトへ伝播（でんぱ）し、熱帯の都市では、人為的環境に適応したネッタイシマカが媒

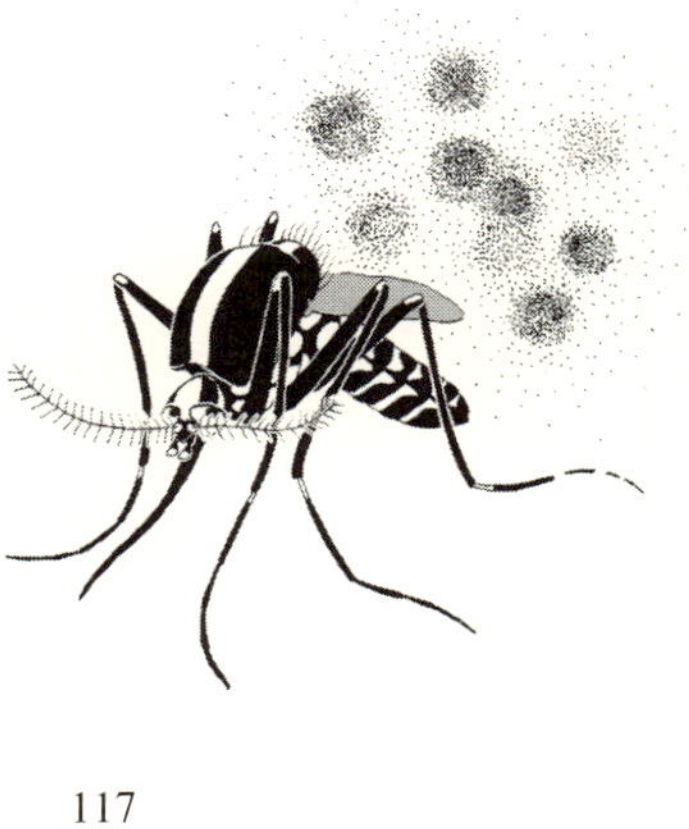

介蚊となっている。

一方、別の媒介蚊であるヒトスジシマカは、熱帯・亜熱帯の森林境界や都市の樹林帯にすみ、ウイルス常在地である森林から都市への効率的な伝播者として知られる。いずれにせよ、ウイルスはヒト体内では短命のため、感染は主に高人口密度の都市で流行する。

ヒトスジシマカは、物資の移動などによって世界の温帯地域にまで分布を広げ、日本での分布の北限は、一九五〇年代までは栃木県北部だったが、温暖化に伴って青森県の一部まで北上した。

代々木公園には年間五百八十万人が訪れ、外国人観光客も多いという。感染者数から考えると、樹林に覆われた公園にはウイルスをもった蚊が相当数いる可能性がある。

アフリカ高地で拡大するマラリア、アフリカからアメリカに侵入し、多数の死者を出した西ナイル熱、インドからイタリアに入って感染が拡大したチクングニア熱。いずれも温暖化や物資の移動に伴う媒介蚊の分布拡大、都市への人口集中、旅行者の増大や感染者の移動が関係しているとみられる。

今私たちは、地球規模で拡大する熱帯・亜熱帯の蚊媒介感染症の縮図が日本の大都市の公園緑地にあることを思い知らされている。

## 御嶽山からの警告 ●十月二十二日

先月二十七日に噴火した御嶽山における大惨事は、あらためて山の怖さを思い知らされる。それとともに、山頂付近に建てられた二つの神社施設をはじめ、山荘、山小屋、銅像・石像などの建造物の多さに驚かされる。中には百人以上収容でき、風呂も備えている山荘もあるという。

噴火口近くにこれだけ多くの人が長期間滞在できる建物があれば、噴火の規模、時期、時間帯によってはさらに被害が拡大していた可能性もある。多数の人の生活による排水、排せつ物、ゴミなどが山の環境に負荷をかけていることも容易に予想される。

また、景観も山の自然の重要な要素であり、山頂付近に乱立する建造物は山の景観や自然の造形の妙をも損なっているようにみえる。

信仰の山とされる御嶽山頂上付近の建造物には、山岳信仰や観光のいきすぎた商業主義が潜んでいないだろうか。今回の噴火前に火山性地震があったにもかかわらず、噴火警戒レベルが引き上げられなかったのは、観光への影響が考慮されていたためという指摘が火山学者からあった。

山の自然は急激に変化し、牙をむく。予測のつかない山でこそ、その自然に対して常に畏怖の念を持ち続けなければならないのだろう。

特に危険な火山において本当に必要なのは、景観にとけ込んだシェルターや避難小屋のように思える。山頂付近に景観を無視して造られた建造物に、日本人の山の自然に対する畏れと謙虚さの喪失が見えてくるようだ。

御嶽山の噴火は、私たちがいまだに山の自然をよく知らないことに気付かせるとともに、私たちの山に向き合う姿勢に警告しているように思える。

## 学長選挙と大学の自治 ●十一月二十五日

日本初の学長選挙は、一九〇七年（明治四十年）の京都帝国大学法科大学長選挙とされる。それ以来、国立大学の学長選挙は、大学の自治の象徴として全国の大学で受け継がれてきた。

しかし、二〇〇四年の国立大学の法人化によって学長選挙は廃止され、学長選考会議が、新たに導入された教職員による「意向投票」の結果を参考に学長候補者を決定することになった。ところが、意向投票で一位でない人が学長選考会議によって候補に選考される例が頻発し、それに対して相次いで訴訟が起きて混乱を招いている。

そんな中、北海道教育大は、意向投票を次期選挙から廃止することを決めた。意向投票を取りやめたのは、全国八十六の国立大では六校目で、北海道では初めてになる。

今年六月の国立大学法人法の改正において、学長選考は「学長選考会議が定める基準により」行わなければならない、という文言が追加された。これは、学内の意向に左右されずに選考会議が決めるべきだということになり、意向投票を無意味にすることに他ならない。

戦前・戦中において、国策や戦争に異を唱える大学人・知識人は弾圧され、言論と学問の自由が奪われ、国民は戦争の道へと駆り立てられた。私たちはその歴史から、権力から言論・学問の自由と大学の自治を守ることの大切さを学んだ。

国立大の法人化後、学長に強い権限を与え、大学の自治の基盤である教授会の権限の大幅な縮小や構成員の意向の軽視など、大学への干渉を強める文科省。一方、その圧力に抗しきれず、足元の民主主義を自ら放棄する大学人。今、明治以来積み重ねられてきた大学の自治が崩れようとしている。

## 昆虫の起源と歴史

●十二月二十六日

地球生命の歴史は、誕生と絶滅の歴史でもあった。中でも環境変動による生物の「大量絶滅」は、古生代からこれまでに五回起きたとされる。その絶滅の歴史の中で圧倒的に長く生き抜いてきたのが昆虫だ。

先月、四億年前とされてきた昆虫の誕生が、さらに八千万年さかのぼる四億八千万年前とする論文が、米科学誌サイエンスに発表された。昆虫が、原始的な植物が現れたとされる五億一千万年前近くの地球の陸上生態系の形成に初期段階からかかわり、その基盤を築いたとみられる。

その後昆虫は、三億年前の古生代石炭期には、シダ植物を中心とする森林の発達の中で巨大化したが、それらは環境変化に耐えられずに絶滅した。

それ以来、昆虫は小型化、省力化の道を歩み、これまでの五回の大量絶滅において他の生物とともに後退を繰り返しながらも陸上の隅々にまで進出し、高度の生態系と生物多様性の形成に重要な役割を果たしながら繁栄を極めた。

一方、約五百万年前に現れたとされる人類は、その体と脳を大型化させ、爆発的な人口増加を伴い、必要とする資源とエネルギーを巨大化させてきた。さらに近代文明の発達によって、ヒトによる自然環境の改変・破壊は顕著になり、これまでになかった型の大量絶滅が起きつつある。

五億年近くも前に誕生し、基幹動物として陸上生態系のバランスを守り、資源を分かち合いながら繁栄を持続する昆虫。一方、経済の成長・拡大や目先の利益を優先して地球生態系のバランスを崩し、自らの生存基盤をも危うくしているヒト。

昆虫の起源、絶滅および繁栄の歴史は、ヒトが生き残る道を教えているように思える。

# 二〇一五年【平成二十七年】

## 通学バスの光景

●一月二十二日

通勤のため、勤務先近くの高校のバス停まで通学・通勤バスで通っている。乗っているのはほとんどが高校生で、バス内ではほとんどの生徒が二人がけの座席で横の座席にリュックや部活のバッグを置いて独り占めして座っている。

途中で乗車し、席を探してバス内を見渡す生徒がいても、冬には通路が立っている生徒で混雑しても、座っているほとんどの生徒は、男女を問わずスマホの画面に熱中して、横の座席の荷物をどけて空けようとしない。

すぐそばにいる人のことよりも、スマホによるネット通信・閲覧、見知らぬ人とのやりとりやゲームのほうを大切にする高校生の気になる光景。近くの他者を気遣う気持ちはどこへいったのだろうか。

近刊「道徳性の起源　ボノボが教えてくれること」（フランス・ドゥ・ヴァール著、柴田裕之訳、紀伊国屋書店）は、類人猿・ボノボの長年の研究から、人間の道徳性の起源と進化を考察している。

著書によると、道徳性の基盤となる「共感」は哺乳類の特性で、特にボノボなどの類人猿は、他者が示す表出に応え、彼らの状況を改善したいという衝動を感じるという。そして、道徳性は上から押しつけられたものでも、人間の理性に由来するものでもなく、動物の進化の過程で社会生活を営む上での必然であったという。

最近のネットを通した犯罪や中傷・いじめなどの問題をみると、物質文明の発達に人間の道徳性が全く追いついていないことが分かる。通学バスの光景は、その一端を映し出しているにすぎないのだろう。人間は、道徳性の原点を見つめ直し、社会生活を営む上での基本をボノボから学ぶ必要があるのかもしれない。

## 学習教材の昆虫写真 ●二月二十五日

小学生向けの「ジャポニカ学習帳」（ショウワノート、富山県高岡市）の表紙を飾っていた昆虫写真が、「気持ち悪い」「苦手」というクレームによって消えることになった。このノートの四十五年の歴史の中で、この十年ぐらいの間にクレームが増えたという。

都市化や宅地化が進む中、虫に接する機会や経験をもたないまま育ち、虫に対する嫌悪感や苦手意識をもった親が子供のノートの写真にクレームをつけ、それに対して企業が過敏に反応する。クレーム社会も学習教材の生き物の写真にまで広がってきたようだ。

確かに、生き物に対する感じ方は人によって大きく異なる。昆虫の体つき、翅（はね）、脚などは、人によっては気持ち悪いという印象を持たれるかもしれない。しかし、一企業の問題とはいえ、一部の人の個人的な感じ方によって昆虫写真すべてが排除されることに懸念を覚える。一部の人によって嫌われる昆虫類、ダンゴムシやワラジムシなどの甲殻類、ミミズやダニ類などの土壌動物―。これら気持ち悪いとされるさまざまな生き物たちが自然界や農地で重要な働きを担い、私たちの生活を支えている。そもそも、ジャポニカ学習帳の表紙を飾る昆虫写真は、人気が高く、「売り」だった。昆虫の造形の妙、色、美しさなどによって豊かな情操が育まれた少年少女は少なくないだろう。

自然とのかかわりが少なくなり、見知らぬ虫に過剰に反応し、その写真が目にはいることすら許されない社会。そこでは、自

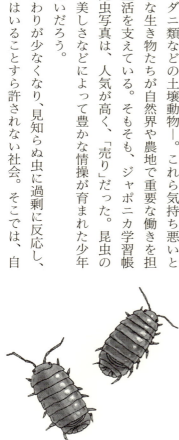

然に対する無理解がますます増長されていくように思える。

学習教材の生き物の写真に対しては、人間の生活と生き物との深いかかわりを理解する中で寛容でありたい。

## 空間用虫よけ剤 ●三月二十五日

先月、虫を寄せ付けないとうたった「空間用虫よけ剤」は根拠が不十分で、景品表示法違反に当たるとして、消費者庁は販売大手四社に措置命令を出した。

虫よけ剤は、ベランダや軒下などにつり下げて使い、ピレスロイド系薬剤を蒸散させ、虫を寄せ付けないとされる。しかし、これらは、閉鎖空間ならともかく、野外や風通しの良い所で使う場合、その効力が失われることは容易に予測できる。

これらの製品は、適用害虫がユスリカやチョウバエで、「雑貨」として販売されている。吸血する蚊を適用害虫にすると、「医薬部外品」になり、国による承認までに年数と経費がかかるためという裏事情がある。

しかし、ユスリカやチョウバエは、幼虫が水環境の有機物や腐敗物の分解者としてむしろ重要な役割を果たしており、成虫も大発生しない限り、「害虫」といえるものではない。そんな虫を、適用害虫にしたその「雑貨」は、虫を嫌う消費者心理に乗じて売り上げを伸ばし、二〇一三年までにその額は四社で百九十億円に上り、薬剤の乱用につながっている。

最近、アフリカのマラリア発生地域で、日本企業が開発したピレスロイド系薬剤を練り込んだ蚊帳の普及が、薬剤抵抗性をもつ蚊を生み出していることが報告されている。

一億年以上前に現れ、人為環境にも巧みに適応してきた蚊、ユスリカ、ハエの仲間たち。これらを家屋に寄せ付けないのは不可能だが、網戸などで家屋内への侵入を防ぐことは可能だ。「簡単虫よけ」「いやな虫をシャットアウト」という虫のいい話にだまされることなく、虫の役割や実害、薬剤の弊害などを理解した消費行動が望まれる。

## 感染症と吸血性節足動物

●四月二十三日

昨年、世界を緊張させたエボラ出血熱による死者は、今年三月でついに一万人を超えた。エボラウイルスは、人間同士の体液などの接触によって感染するとされる。ウイルスの自然宿主はコウモリとされるが、コウモリから人にどのような経路で感染するようになったかは不明だ。コウモリ類には、特異的に吸血寄生するマダニ、コウモリバエ、クモバエなどがいる。これらの節足動物は、人には寄生しないとされるが、自然宿主個体間でのウイルスの維持に関与している可能性が指摘されている。

一昨年、マダニが媒介する重症熱性血小板減少症候群（ＳＦＴＳ）の国内感染による初めての死亡例が報告され、昨年末までに三十二人が死亡したことが判明したが、マダニは媒介だけでなく、宿主動物間のウイルスの維持にも関与しているとみられる。

昨年、七十年ぶりに国内流行が起こり、百六十人の患者が発生したデング熱は、東南アジアの森林ではサルがウイルスを保持し、蚊がサル個体間でウイルスを伝播（でんぱ）・維持している。

自然界では、競争、寄生、共生などの多様な生物間相互作用が複雑に連鎖し、ウイルスと宿主と吸血性節足動物も長い歴史の中でバランスを保ちながら共存してきた。そんな相互作用やバランスの崩壊は、思いもかけない事態を招く。

国内外で毎年のように発生する新興・再興感染症の背景にあるとみられる、森林伐採、環境の改変に伴う野生動物とそれらに寄生する節足動物と人との関係の変化、グローバル化による人や物資の移動、温暖化―。

ウイルスと宿主と吸血性節足動物の関係は、他の生命との共生と生態系のバランスがいかに大切かをあらためて教えている。

## 光と闇の境界 ●五月二十六日

二〇一五年は、国連によって「光と光技術の国際年」（国際光年）と定められた。私たちは、人工光やその技術によって多くの恩恵を受けている。しかし一方で、暗闇を照らす照明は、二十四時間の明暗リズムをもつさまざまな生物に影響を与えているとみられる。

特に多くの昆虫は走光性をもち、人工光に誘引される。その理由の有力な説は、昆虫が無限遠に存在する月や太陽を目印として体軸を一定の角度に保って動くため、らせん状の軌跡を描く形で光源に向かうというものだった。

しかし最近、昆虫は光に向かうのではなく、光源と背景との境界に向かうという説が出てきた。光源と闇との境界にできる強いコントラストが昆虫を誘引するとみられる。いずれにせよ、夜間照明は多くの昆虫の行動をかく乱している。

人も一日の明暗に適応したリズムをもつ。いきすぎた夜間の電飾や室内照明はもとより、二十四時間営業の店やコンビニ、テレビの深夜放送、パソコン、ゲーム、スマホなどの光刺激が生体リズムを狂わすことが指摘されている。最近の文科省の調査では、子供が夜寝る直前までスマホを使うことによる睡眠障害が報告された。

発光ダイオード（ＬＥＤ）による消費電力削減も、電力消費を増加させる快適な建物・住宅、設備、情報通信機器類などによって相殺され、電力消費は家庭を中心に増加傾向が続いている。

光技術の進歩の中でも、光エネルギーの利用増大によって環境への負荷低減もままならず、光と闇との境界を失って人が向かう方向は—。国際光年の年、光と光技術の負の側面についても考えたい。

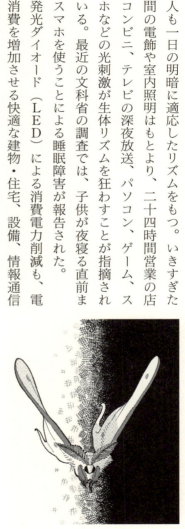

## 昆虫の成長と経済の成長

●六月二十六日

生物には一般に成長期と成熟期がある。特に昆虫には変態があり、幼虫時代に急速な成長を遂げ、成虫に変態して成熟すると成長せずにもっぱら繁殖に専念し、子孫を残す。現存する昆虫の成熟期のエネルギー消費は質素なものが多い。

経済も生き物だという。ならば、それぞれの国の経済には成長期があれば、成熟期もあるはずである。戦後、高度成長を遂げた日本の経済は、一九九二年ごろから低成長率で推移し、今では人口構成などから考えても成熟期に入っているとされる。

そんな中、安倍政権による異次元緩和、公共事業による拡張財政、成長戦略などの柱からなるアベノミクスは、高成長が最優先となり、防衛費の増大も伴い、予算の肥大化と歳出の拡大が顕著になっている。

同志社大学の浜矩子教授の近著「国民なき経済成長　脱・アホノミクスのすすめ」（角川新書）によると、成長経済の段階で必要なのは発育することだが、今の日本の成熟経済において必要なのは均衡を保つことで、無理な成長は死に至る病につながるという。

先月、政府の経済財政諮問会議で発表された財政健全化計画も、非現実的な高めの経済成長率頼みとなっている。国の借金は、先月の発表で千五十三兆円となり、過去最高額を記録し、一人当たり八百三十万円の借金を抱えていることになる。巨額の財政赤字のツケを次世代に回し、財政破綻への道を突き進む日本。

石炭紀、豊富な餌資源の中で成長し続けたために巨大化したトンボは、環境の変化に適応できずに絶滅した。成熟経済の無理な成長の行きつく先は、太古の昆虫の限りない成長とその破綻の歴史が暗示しているように思える。

## 人がいない街と村

●七月二十四日

先月、生物調査のため、福島第一原発事故によって設定された福島県浪江町の帰還困難区域に、一時立ち入り許可を取って入った。検問を少し過ぎた所で車から降り、草むらや樹林帯に入ると空間線量は急激に高くなり、持っている線量計では計測不能になった。

汚染土壌を詰めた黒のフレコンバッグが山と積まれ、家が見えないくらい雑草が生い茂り、ハウス栽培の骨組みがむき出しになったままいたる所で放置されている街と村。放射能汚染によって人がすめない土地をまの当たりにする時、生命の歴史に思いがめぐる。

地球に生命が誕生した四十億年前、地球には宇宙から有害な放射線が降り注ぎ、生命は深い海でしか生存できなかったと考えられている。その後、二十七億年前には磁場の形成によって放射線を遮蔽(しゃへい)することができるようになり、生物の陸上への進出は、オゾン層を含む大気も形成され、放射線や紫外線などによる危険が小さくなった約五億年前とされる。

放射線に対しては、陸上生物の中で原始的な植物や昆虫類など、出現した時期が古い生物ほど強く、最も弱いのは哺乳類といわれる。そんな生き物たちが生存し、放射線を含む環境変化の中で進化の道を歩むことができたのは、生命誕生から三十五億年かけて形成された地球磁場と大気のおかげだ。

**雑草によって入口がふさがれた民家**
**（福島県浪江町の帰還困難区域；2015 年 6 月）**

そんなことも忘れて、宇宙放射線から守られている地上で核実験や原発事故によって放射性物質を発生・拡散させ、自らすめない環境をつくり出している地球の新参者・ヒト。帰還困難区域の人がいない街や村の異様な光景は、原発が地球生命の秩序とは相いれないものであることをあらためて知らしめている。

## 小さく生きる　●八月二十一日

今年二月、昆虫学分野の総説を扱うアメリカの学術雑誌に、ロシアの研究者による「小さいは美しい―最も小さな昆虫の特徴と最小化の限界」という論文が掲載された。

昆虫は小さな生き物だが、中には極小に進化した多くの種類がいる。これらは、体長が〇・一四～〇・三ミリのハチや甲虫の仲間で、基本的に複雑な体制を維持しながら、器官や組織だけでなく細胞レベルまで変革し、最小化に成功している。限りある資源の中で、可能な限り体を小さくすることは、昆虫の必然的な進化の方向の一つだ。

一方、日本が進みつつある方向はどうだろう。少子高齢化と厳しい財政状況の中、二〇二〇年東京五輪の新国立競技場の二千五百二十億円という建設費膨張とその撤回という迷走、そして周辺整備を含めると五輪の総経費は二兆円を超えるとされる。新国立では六十二億円が回収不能となり、誰もその責任を取らない組織体制も浮き彫りになった。

そして、安倍首相の「世界の中心で輝く」「日本を取り戻す」などの言葉とともに進められる安保法案。憲法に反して、同盟国が攻撃されたら武力行使ができ、世界のどこでも自衛隊が米軍の後方支援を行えるという。これによるリスクと防衛費の増大は容易に予想される。

巨額の財政赤字を抱えながら、機関、組織、個人意識にいたるどのレベルでの変革もなく、最小化どころか、国家事業や政策を膨張させる一方の政治と行政。

争わず、無駄をなくし、資源を分かちあって最小のエネルギーで小さく生きる。さまざまな工夫で最小化の限界に挑戦した微小な昆虫たちが、縮小社会に向かう私たちに重要な示唆を与えているように思える。

## 戦争と科学者と安倍政権

●九月二十五日

戦後七十年の今年、戦争の記憶がさまざまな媒体で伝えられている。その最中の先月、ノーベル賞科学者・益川敏英氏が「戦争で科学者は何をしてきたか」（集英社）を書き下ろした。

近代の戦争において、時の政権は、科学者を兵器開発の重要な担い手として動員、利用し、一般市民を途方もない惨害へと導いた。科学者の中には、戦争に率先して協力した人もいれば、自分の研究が効率的に人を殺傷する兵器に利用され、自責の念に悩まされる人もいた。

科学者には、科学技術がどのように利用可能かを広い視点で洞察し、国民と共に為政者によるその悪用を監視していく責務があることをあらためて認識させられる。

先の大戦の反省から、戦後日本の大学での軍事研究は原則的になかった。しかし二〇一三年十二月、安倍内閣は、閣議決定した国家安全保障戦略の中において、大学の軍事研究の有効活用を目指すとした。その後、昨年十二月に東大大学院情報理工学系研究科は、「一切の軍事研究の禁止」から「軍事・平和利用の両義性を深く意識し、研究を進める」に変更し、大学での軍事研究推進の含みをもたせた。

昨年四月、安倍内閣は、「武器輸出三原則」に替わる「防衛装備移転三原則」を定め、条件付きで武器輸出を可能にし、先月にはオーストラリアに対し、兵器本体として初めて潜水艦の売り込みを行っている。昨年十一月に公表された新・宇宙基本計画素案では、宇宙開発の軍事利用の強化が打ち出された。

平和外交よりも経済的利益を優先し、軍事面で科学者を利用していく姿勢が顕著な一連の政策。安倍政権は、科学者を軍事に動員し、国民をどこに導こうというのだろうか。

## 汚された白衣

●十月二十三日

先月五日、同月十九日に成立した安保法制に対する「戦争法案に反対です」という意見広告が、全国紙の一面に掲載された。掲載した日本医療労働組合連合会は、先の大戦で従軍看護婦として動員された痛苦の体験から、「ふたたび白衣を戦場の血で汚(けが)さない」を合言葉に平和と命を守る運動に取り組んできたという。

戦場における医療従事者による体験記録は、一般の目に触れることが少ないが、その体験は筆舌に尽くしがたかったことは想像に難くない。

四年前、医療関係の雑誌に掲載された軍医たちの体験記録をもとに書かれた「蠅(はえ)の帝国　軍医たちの黙示録」（帚木蓬生(ははきぎほうせい)著、新潮文庫）では、さまざまな戦場や被爆地、空襲被災地で、人的惨害に最も近くで向き合った軍医たちが見た凄惨(せいさん)な光景が生々しく伝わってくる。

そして戦後七十年の今年、「九州大学生体解剖事件　七〇年目の真実」（熊野以素(いそ)著、岩波書店）が出版された。本書は、九州帝国大学医学部で米軍捕虜が生きたまま解剖された事件を膨大な資料を基に追跡したもので、著者は、当時の裁判で追及された元九大助教授のめいに当たる。

本書では、戦争の最中、残虐な行為が大学医学部で公然と行われていく様子が克明に描かれている。この中で、戦時でも良心を捨てなかった医師もいたが、多くの医師や学者が軍事体制にのみ込まれた異常な状況の中で理性や倫理観を失っていった。

戦時下、戦場の前線や後方、被災地また大学医学部において血で汚された白衣。それは、「国家のため」として、多くの人々の命を奪い、人間性を破壊する戦争とそれを進める軍事体制の狂気を物語っている。

# 科学技術の光と影

●十一月二十五日

今年、ノーベル賞を受賞する大村智氏らが開発し、アフリカの寄生虫病に効果があるとされるイベルメクチン。それは、一九八〇年代初め、家畜の内部・外部寄生虫の駆除に効果があるとして導入され、特に牛では背中にかけるだけで寄生虫を駆除できるという画期的な駆虫薬として世界的に普及するようになった。

この薬剤は、投与後ほとんどの成分が糞（ふん）とともに体外に排出され、糞に発生する外部寄生性ハエ類の幼虫も駆除できるという利点も持っている。しかし、八十年代後半、糞に残留した薬剤成分が糞を分解する有益な昆虫類を減少させ、放牧生態系の循環に悪影響を与える可能性があるという論文がイギリスの科学誌ネイチャーに掲載された。

それ以後、糞に残留した薬剤成分が多くの糞分解性コガネムシの幼虫・成虫や駆除対象外の糞食性ハエ類幼虫などの死亡率を高め、それらの活動を抑制して糞分解の遅延をもたらすという論文が世界各地から報告されてきた。

さらに近年では、世界各地で羊や牛の内部寄生虫がイベルメクチンに対して抵抗性を獲得し、特に羊における顕著なその抵抗性発現は、駆虫薬の多用・誤用の結果であることが論文で指摘されている。

どんな生物も、薬剤にさらされると生き延びようと変化する。薬剤の多用は、抗生物質が効かない耐性菌を増大させ、薬剤抵抗性害虫を次々と生み出し、常に新たな薬剤の開発が必要な状況を作り出している。

科学技術には必ず光の部分と影の部分がある。イベルメクチンもその例外ではない。ノーベル賞の名に惑わされずに、科学技術の影の部分を深く見つめ、長期的・総合的な視野に立った対応が求められている。

## 吸血昆虫

●十二月二十四日

狩猟、農業、牧畜、建築、戦争、隠蔽、偽装、詐欺…。人間社会の話ではなく、昆虫がはるか昔からやっていることだ。「昆虫はすごい」（丸山宗利著、光文社新書）が、昆虫の人間顔負けの暮らしを紹介している。

昆虫のふるまいの中で、人間にとってやっかいなことの一つに吸血行動がある。今月、ノーベル賞を受賞した大村智氏と中国の屠呦呦（とゆうゆう）氏がそれぞれ開発した薬が有効とされるオンコセルカ症とマラリアは、吸血昆虫のブユとカがそれぞれ病原体を媒介する。ブユは、日本では人に感染症を媒介することはないが、しばしば人畜を激しく吸血し、畜産現場では問題となる。

近年北海道において、ウイルスによる新型の牛乳頭腫症という牛の乳頭にできる腫瘍（イボ）が問題となっている。今春、研究室の紫藤夢野さんが、この牛乳頭腫症に関する研究を修士論文にまとめてくれた。その結果において、ブユの吸血痕数が多い部位とイボ発症部位、ブユ発生のピークと潜伏期間を含めたイボ発症の多い時期がそれぞれ一致し、ブユがウイルスの広がりに関与している可能性が示された。

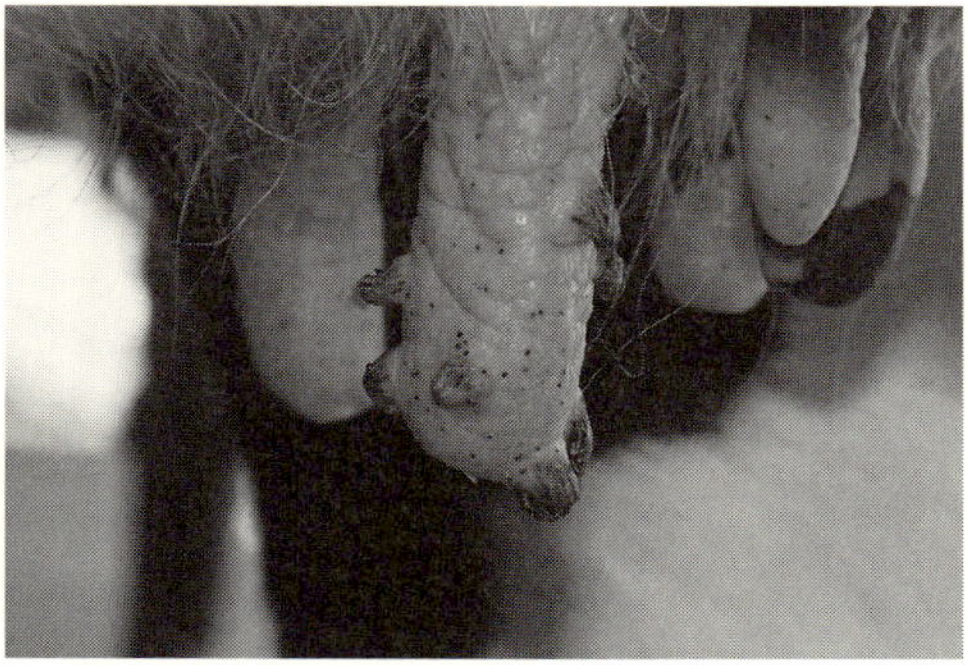

牛乳頭腫症

ブユは川で発生し、放牧地や畜舎周辺に飛来し、特に体毛の少ない家畜の腹部や乳頭を容赦なく吸血する。同じ吸血昆虫のアブは湿地など、サシバエは堆肥に発生し、両者は場所によっては牛馬の飼養現場での損耗要因となっており、さらに近年急増している牛白血病の広がりに関与している可能性が指摘されている。

これらの吸血昆虫のうち、川や湿地などに発生するブユやアブは駆除が困難で、殺虫剤にさらされやすいサシバエは薬剤抵抗性を増強させている。昆虫は手ごわい。

# 二〇一六年［平成二十八年］

# 糞虫の武装と非武装

● 一月二十二日

動物には体の割に大きな武器を持った種がいる。そんな種では、淘汰によって当初小さかった武器の巨大化が進行してきた。巨大な武器を持った種や個体は、資源やメスをめぐる争いに勝つが、必ずその代償がある。

近刊「動物たちの武器」（D・J・エムレン著、山田美明訳）は、動物の武器と人間の武器の進化が驚くほど類似した軍拡競争の結果であることを解き明かしている。

この書によると、糞虫（糞食性コガネムシ）の角（武器）の長い個体を選別して何世代も飼育すると、角が成長することで戦闘能力と引き換えに、眼・触角・翅・生殖器の成長が妨げられ、感覚・飛行・交尾の能力が犠牲になるという。

日本の防衛予算はこの四年間増え続け、二〇一六年度予算案で初めて五兆円を超えた。限られた歳入の中、予算を武器につぎ込めば、社会保障や教育などが犠牲になる。

糞虫類には、糞という同じ資源を餌としているにもかかわらず、角がある種とない種がいる。角がない種は、資源の利用の仕方や依存度をわずかに変えることで武器を持たずに繁栄している。一方、角を持つ種は、特に日本ではその多くが希少化し、環境適応力は弱い傾向がある。

世界には強大な武器（核）を持ちながら、国民が飢えたり、戦争・紛争で犠牲になる国がある一方で、非武装・軽武装で資源をうまく活用して平和を維持している国がたくさんある。

安倍首相は、景気の好循環によって今後も防衛予算を増やしていくという。財政破綻状態の日本が軍拡競争に加わるとどうなるであろうか。糞虫の武装と非武装の進化と衰亡の歴史から、現政権の危うい選択が見えてくる。

## アベノミクスと生命と生態系 ●二月二十三日

一千兆円を超える財政赤字、長期化する不況、年金制度の破綻、雇用の非正規化、格差と貧困の拡大、少子高齢化と人口減少に伴う地域衰退…。

新刊「日本病」（金子勝・児玉龍彦著、岩波新書）では、経済学者と生命科学者が双方の立場から、アベノミクスによってより悪化する「日本病」の病理をえぐり出している。

日本病においては、不良債権をきちんと処理することなく、財政金融政策を「薬」として投与してもたせていくうち、耐性ができて「薬」が効かなくなり、どんどん「強い薬」を投入し、ついには異次元の金融緩和という「劇薬」に手をつけ、体力を衰弱させていく。それは、抗生物質と耐性菌、さらに多剤耐性菌との関係に似ているという。

社会構造で上位の大企業や富裕層の富が、中間・低所得者層にまで滴り落ちるというアベノミクスの「トリクルダウン」論。今、これもうまくいっていない。それどころか、この言説は、「資本はもうかる方向にしか進まない」という資本の論理からはあり得ないともいわれる。

自然生態系の階層構造は、高次消費者（肉食動物）、消費者（植食性動物・昆虫）、生産者（植物）、分解者（土壌動物）から成っていて、最上位の層は生物量（富）が小さくなければならない。なぜなら、最上位の富が膨らんでも、消費者・生産者（中間・低所得層）の生産量が大きくなければ、生態系（社会）が成り立たないからだ。

日本が直面している「病」は、生命現象や生態系の原則に共通する問題でもある。その原則を理解せず、次世代に大きなツケを回そうとする現政権。今、その政権を支持し続ける私たちの責任は重い。

## 嫌われ者に学ぶ ●三月二十四日

生物の形や機能をまねて、人間の生活に役立てるバイオミメティクス（生物模倣技術）が注目されている。この技術にはさまざまな生物が対象になるが、これまでの例で圧倒的に多いのが昆虫だ。

蚊の口吻（こうふん）をまねた痛くない注射針、砂漠にすむゴミムシダマシが朝霧に含まれる微量の水滴を集めて飲用するしくみを応用した集水技術、ガの複眼を模倣して光の反射を防ぐ無反射フィルム、ハエにヒントを得た視覚誘導飛行ロボット、モルフォチョウやタマムシの翅（はね）の表面構造をまねた色あせない繊維や金属。これらの中には、すでに実用化されているものもある。

先月、米カリフォルニア大学のグループが、低い姿勢で素早く移動できるゴキブリをまねた手のひらサイズのロボットを開発し、米科学アカデミー紀要電子版に発表した。

グループは、ゴキブリが動く時の角度や、天井や地面と体が接触するときの摩擦を解析し、どこにでも素早く潜り込む仕組みを応用したという。

地震災害や建物の倒壊などによって、人ががれきの下敷きになって発見が困難になることがある。そんな時、このロボットは、がれきの隙間に入り込んで生存者を発見し、その救助につなげる可能性がある。

四億年にわたる進化の歴史において、幾多の環境変動と自然淘汰(とうた)にさらされながら生き延びてきた昆虫。その形状や機能には、無数の試行錯誤の末にたどり着いた工夫と知恵が詰まっている。

蚊、ゴミムシダマシ、ガ、ハエ、ゴキブリ…。一般に嫌われ、駆除されるだけの昆虫たちの形、動き、機能の一つ一つに学ぶべきものがあることにあらためて気付かされる。

## 小さな生き物と経済

●四月二十二日

春、蠢(うごめ)き始めた虫たち。この小さな生き物たちの活動は人間社会にどれくらいの価値をもたらしているのだろうか。これまで、昆虫による経済的価値を数値化できるのは、カイコによる絹糸とミツバチによる蜂蜜などの生産物に限られていた。

先月、国連の科学者組織が、昆虫や動物が花粉を運ぶことなどで市場にもたらす価値は、世界で年間に最大六十六兆円にのぼると発表した。一方で、人の活動によってこれらの生物の減少も報告され、世界で花粉を運ぶハチの四〇%以上が絶滅の恐れがあるという。

日本でも同様の推計を農業環境技術研究所がまとめ、昆虫が国内の農業にもたらす利益は、年間四千七百億円で、特に花粉媒介昆虫のリンゴ、サクランボ、メロン、スイカなどにおける貢献が大きいという。このうち、人が飼育するミツバチやマルハナバチの貢献が三割に対し、野生の昆虫が七割を占めるとされる。

しかし、これらのハチ類の経済的価値も生態系における小さな生き物の働きの中では一部にすぎない。食物連鎖の中で動物や鳥たちの餌資源として生態系を支える昆虫、水の浄化に貢献する水生昆虫、陸上の有機・腐敗物を分解し、物質循環に貢献する昆虫や無脊椎動物の働きの価値は計り知れない。

ある生物学者によると、地球上から昆虫をはじめとする無脊椎動物がいなくなったら、物質循環が遮断され、バクテリアや藻類、そして単純な多細胞生物がいるだけの十億年前の地球に戻ってしまうという。

人間の生きる基盤を形成しながらも、生存を脅かされている小さな生き物たち。私たちは、彼らの経済的価値の全貌を知らずに経済を語っている。

## 人の時代

●五月二十五日

古生代の三葉虫、中生代のアンモナイトや恐竜、新生代のナウマンゾウ…。地層に残された殻、骨、歯などの化石は、当時の生物の生活の様子を語ってくれる。

地質年代は、地層やそこに含まれる化石の特徴から環境の変化を読みとって区分されている。現在は、新生代第四期の「完新世」で、一万七千年前に始まったとされる。

今、人の活動によって急激に広まった物質があらゆる地層で見つかることで、地質年代の新たな区分「人新世」を設ける動きが国際学会で進んでいる。

プラスチック、アルミニウム、コンクリート、核による放射性物質、大気汚染物質など、人間の作り出した物質が地層中で長期間残る痕跡は、人の時代を特徴づける指標になるという。

さらに人の時代の特徴として、環境破壊や生物多様性の喪失がある。地球の歴史においてこれまで五回の生物の大絶滅があり、現在、人の活動による六回目の大絶滅時代を迎えているといわれる。

長い年月をかけて形成された地球環境を大きく変え、地球上に元々ないか、またはまれな物質を大量に作り出して拡散させ、広範な地層に残しつつある人の時代。

「人新世」の始まりは、二酸化炭素濃度や人工物の生産が急増し、核実験で各地に放射性物質が降り積もった「一九〇〇年代半ば」とする方向だ。地質年代において、こんな短期間に特定の物質が広範囲に蓄積されたことがあっただろうか。

地球規模で地層に化石のように残され、人の時代を象徴する負の遺産。それらは、地球生命の歴史における人の特異な活動を語るとともに、私たちに自らを含めた生命と地球の未来に対する責任を問いかけている。

## エゾハルゼミと帯広の森

●六月九日

帯広市街地の南西に位置し、面積四百六ヘクタール、延長十一キロメートルにわたる「帯広の森」。四十六年前、当時の吉村博市長が、視察で訪れたオーストリアの「ウィーンの森」に感銘を受け、帯広市にも失われた森を造ろうとその造成計画を立ち上げた。

先月下旬、帯広の森を歩くと、午後七時をすぎているというのにエゾハルゼミの大合唱が鳴り響いていた。これまで二十年以上この森を歩いてきたが、これほどの鳴き声は初めてだった。

エゾハルゼミは、純粋な森林性で、落葉広葉樹林に生息し、山地では普通に生息するが、市街地で鳴き声が聞こえる所は少ない。セミは、長い年数をかけて幼虫期間を土中で過ごすため、そこの植生や環境を示す指標となる。帯広の森は、大部分がまだ森林形成期への途上だが、植樹から最も古い場所で四十一年経過し、エゾハルゼミの生息環境を着実に育んでいるようだ。

しかし、帯広の森の中でも、トドマツ植林地になるとこのセミの鳴き声は聞こえてこない。エゾハルゼミは、本州以南にも生息するが、特に西日本では絶滅危惧種として記載されている府県も多く、その原因としてスギやヒノキなどの植林による広葉樹林の消失がある。

音楽の都・ウィーンの森も開発の影響を受けてきたが、森林保護活動が実り、その象徴として森に響きわたったのは、オーストリアではすでに絶滅し、二〇一一年に五十年ぶりに営巣したフクロウの鳴き声だったという。

かって帯広周辺を覆っていたカシワやハルニレなどの原生林は、開墾や都市化によって大きく失われてきた。帯広の森では、都市部の広葉樹林復活の兆しを、エゾハルゼミが力強く奏で、森の大切さを私たちに伝えているのかもしれない。

# 五輪とジカ熱 ●八月二日

利権をめぐる不透明な金銭授受、新国立競技場の建設費膨張と撤回そして巨額の損失、エンブレム問題、政治利用、名声と功績への執着…。五輪にまつわる問題は枚挙にいとまがない。五輪では経済効果が強調されるが、多くの場合、効果は一時的だ。巨額の建設・整備費負担とその反動で、最近六回の夏の五輪のうち、五回の開催国が終了後に不況に見舞われたという。ギリシャの経済破綻も五輪が大きな要因とされ、国民生活に影響を与えている。

二〇二〇年の東京五輪は七月下旬～八月上旬の最も暑い時期に開かれる。この時期は、欧米で人気スポーツが開催されないため、放映権で高収入が見込めるという。選手への影響よりも収益優先の考え方が端的に表れている。

そもそも、多くの国が財政難に苦しむ時代に、一カ所に多くの人を集めて多種目の競技を同時に行うことの意義は、負担に照らし合わせるとどんなものだろうか。

今年五月末、世界の研究者や医師百五十人が、ジカ熱が流行するブラジルで八月に開催されるリオ五輪について、延期か別の場所で開催するよう呼びかける文書を世界保健機関（ＷＨＯ）に提出した。蚊が媒介するジカ熱は、妊婦が感染すると小頭症の子供が生まれる可能性があり、五十万人の観光客が不必要な感染の危険にさらされるという。

しかし、今や肥大化した五輪は、こうした重大な懸念に対して柔軟に対応できる状態にない。開催国の財政を圧迫し、選手や市民の体調・健康よりも収益が優先され、商業主義と政治利用で制御不能に陥った五輪。ジカ熱を理念なき五輪に対する警鐘と受け止めたい。

## 次世代への責任

●八月二十四日

昆虫は、卵や幼虫を産み放しにするように見えるが、ほとんどの種は、幼虫が育つ環境に確実に産み付ける。カメムシやハサミムシの中には、子をそばで保護しながら育てる種もいる。

オトシブミは、幼虫が食べる葉を円筒状に巻いてその中に産卵し、子の成長を保証する。糞（ふん）食性コガネムシは、幼虫が食べる糞球を作り、それを唾液でカビが生えないように守り、次世代への責任を果たす。

人間社会はどうだろうか。八月初めに安倍政権は、参院選で公約した経済対策をとりまとめ「二十一世紀型インフラ整備」などの公共事業に国として六・二兆円の財政措置を盛り込んだ。

このうちリニア中央新幹線の大阪延伸には、借金（財政投融資）によって三兆円を融資して最大八年早めるという。だが、国が一千兆円を超える借金を抱えている今、民間企業が自己資金で進めてきた計画を、国が借金して肩入れする道理がどこにあるのだろうか。

財政規律を置き去りにし、野望の実現や功績を残すために次世代へツケを回す政治の流れが止まらない。

社会性昆虫のハチやアリは、各個体が自分の欲望（餌に対する）を抑えることによって、組織全体としても責任を持って次世代への負担や影響を防ぐ。

昆虫も人間も、個人（個体）レベルでは次世代に責任を果たそうとする振る舞いに違いはないように思える。しかし、社会・組織レベルとなると、人間社会では現世代の欲望に迎合する政治によって、次世代への責任があいまいになっている。財政健全化に向けた国民一人一人の意識が問われている。

## 台湾の虫と人 ●九月二十一日

九月上旬、大陸に隣接する島に生息する昆虫種の固有性に関する調査のため、台湾を訪れた。台湾には多くの固有の昆虫がいるが、これら固有種の多くは、台湾が大陸と連結していた時期に移動し、異なる環境で種分化するなどして、独自の進化を遂げてきた。

一方、台湾には漢族が入る遙か昔から東南アジア方面から渡来した人々が住みつき原住民族として独自の文化と伝統を築いた。しかし、オランダ、清、日本、中華民国など歴代統治政権は、原住民族の土地や権利を奪い同化を強いてきた。

八月、台湾の蔡英文総統は原住民族に対し、権利を侵害し苦痛を与えたとして、これまでの過ちを公式に認めて謝罪した。人口の二%に当たる五十万人ほどの原住民族には経済的に恵まれない家庭も多いとされる。

一方、今や台湾の人口の九八%を占める漢族の子孫は、大陸とは異なる社会・政治体制の中で、独自の民主主義とアイデンティティーを築きつつある。台湾の大学が二〇一四年に行った調査では、「自分は何人か」との問いに、「台湾人」と答えた人が六〇％に達し、「中国人」と答えた人はわずか三％だったという。

しかし、台湾を中国の一部として編入・同化を画策する中国は、独立志向が強い蔡総統誕生以降、中台窓口組織の交流を停止して公的連絡を絶つなど、圧力をかけている。

虫も人も異なる環境において進化し、独自の道を歩む。大陸の対岸に浮かぶ小さな島の内外で、進化せずに過ちを繰り返す人（為政者）の所業は、虫たちの眼（め）にどう映っているだろうか。

## 雪虫と二つの人生 ●十月十三日

早くも雪虫が飛び交う季節になってしまった。雪虫は、秋に繁殖のためトドマツの根からヤチダモを目指す際、白い綿毛のようなロウ物質をつけて飛び、初雪を知らせるともいわれる。

謎めいた雪虫の生態は、一九八八年にＮＨＫ札幌放送局制作の「夢の雪虫・河野広道博士と森の妖精たち」によって全国に紹介された。雪虫の生態の解明に力を注いだ昆虫学者河野博士の生涯と研究を、雪虫のはかなくも巧みな生活とともに追った詩情豊かな映像は、大きな反響を呼んだ。

河野博士は昆虫学はもとより、考古学、人類・民族学に通じ、社会文化論まで幅広い分野で活躍した。だが、戦時体制下で理不尽な弾圧を受け、五十八歳で栄光と苦難の生涯を閉じた。

このドキュメンタリー番組の中で、案内役を務めたのが河野博士の教え子であり、筆者の恩師でもある帯広畜産大の西島浩名誉教授だった。西島先生は、北大農学部昆虫学教室で河野博士に師事し、師を「広範な領域で活躍した空前絶後の学者」と仰いでいた。

西島先生も農業試験場、北大、帯広畜産大で昆虫研究に没頭したが、戦時中は学徒出陣で徴兵され、樺太で死ぬほどつらい思いをしたという。その西島先生も、今年七月に九十六歳の天寿を全うした。

雪虫の番組を通して掘り起こされ、つながった師弟関係の二つの人生。どんなに時代と季節が巡っても、降雪前に必ず現れる雪虫は、生命と人生のはかなさ、切なさ、素晴らしさをも知らせているのかもしれない。

## 台風の爪痕と日高山脈

●十一月三十日

今年八月の台風によって、日高山脈を通る国道や橋、線路が破壊されて交通がまひし、道東・十勝は一時孤立した。日高山脈が、道央と道東を結ぶ物流の命運を握る要所であることに気付かされる。

十月、台風の影響により中断を余儀なくされていた昆虫調査のトラップ回収のため、日高山脈を流れるトッタベツ川沿いの林道を、学生と一緒にすべて歩いて調査地を回ってみた。

林道沿いの橋の多くが流され、林道は何カ所も深くえぐられていたが、この光景は驚きのほんの始まりにすぎなかった。支流と本流の砂防ダムはことごとく破壊され、本

台風による河川の氾濫によって破壊されたトッタベツ川の砂防ダム

流の巨大なダムでさえ、原形をとどめぬ無残な姿になっていた。

林道沿いの斜面は、いたる所で崩落し、支流沿いの択伐施業林の一部では、樹木のほとんどがなぎ倒されていた。そして、十勝幌尻岳の登山口に向かう林道で、私たちの行く手を阻んだのは、林道の真ん中で三メートル以上の深さで続くV字状の亀裂陥没だった。

しかし、被害全体を見渡すと、増水・氾濫によって破壊されたのは、ほとんどが人工の構造物か人が手を加えた部分だった。広大な日高山脈であっても、すでに林業施業が可能な範囲は天然林がほぼ失われ、その多くが自然災害に弱い植林針葉樹林や未成熟な広葉二次林になっている。

森林の荒廃や天然林の消失が指摘されて久しい。日高山脈も例外でない。これまでの森林の伐採・植林、管理の方法が、いかに森林の保水力や涵養（かんよう）機能を変化させ、豪雨被害をもたらすのか。今後も予想される気候変動に伴う自然災害に備えた検証が求められる。

## フランスとドイツの旅 ●十二月二十日

十一月下旬、昆虫標本調査のため、フランスとドイツの博物館や研究所を訪れた。両国の主要都市を歩くと、さまざまな種類の博物館に巡り合う。

パリとベルリンの大きな自然史博物館には、二百年以上前から世界各地で集められた貴重な模式標本(種の基準となる標本)を含む膨大な生物標本が保存・管理され、博物館が文化として根付いていることにあらためて気付かされる。

今回、ドイツ東部の小さな町にあるゼンケンベルグ・ドイツ昆虫研究所で、世界の膨大な標本群と最新の管理体制にも驚かされた。各国と共同で築き上げているその基礎研究体制は、目に見えない国力にもつながっているように思える。

日本の自然史博物館は、数・規模ともに、いまだに欧米にはるかに及ばない。以前、定年を迎える日本の昆虫学者が、日本やアジア各地で採集した模式標本を含む大量のガの標本の引受先を国内で探したが見つからず、やむなくロンドンの大英自然史博物館に寄贈したことがあった。まさに日本の博物界と基礎研究の後進性を示す例であった。

先日、大隅良典・東工大栄誉教授が、ノーベル賞受賞記念講演において、「基礎科学が文化として育つ社会になるよう願う」と述べたのは印象的だ。しかし、日本の大学は、交付金が年々減り続け、競争的資金による格差が広がり、基礎科学の先細りが危惧される。

一方、危機的な財政難であっても防衛費、公共事業、五輪施設建設などには巨額資金が投じ

フランス自然史博物館

ドイツ・ゼンケンベルグ昆虫研究所の標本庫

ベルリン自然史博物館

られる。日本文化とは無縁かつ安易なカジノ法案も成立した。日本はいったいどこへいくのだろうか。

# 追録

## 和解と希望の陰で

●二月一日

ヤンバルクイナ、ノグチゲラ、ヤンバルテナガコガネ…。沖縄本島北部「やんばるの森」には、琉球列島が大陸から分離した後、独自の進化を遂げた固有の生物が多く生息している。この森の特に西側は、天然林の伐採や林道建設などによって、固有種の環境が危機に瀕(ひん)していることが以前から指摘されていた。そして今、東側の天然林が、米軍のヘリパッド建設という新たな脅威に晒(さら)されている。計六カ所のヘリパッド建設で、ノグチゲラやヤンバルテナガコガネが利用する樹齢六十〜七十年の樹木も含む二万本以上の樹木が伐採されるとみられる。

このうち二カ所が先行して完成し、すでに運用されている。琉球新報によると、オスプレイが離着陸するようになったヘリパッド近くの東村高江では、人が我慢できる限界をはるかに超える百デシベル近い騒音が計測されたという。

夜十一時近くまで飛んでいるオスプレイの爆音や振動によって、睡眠不足や体調不良を訴える人、避難する人もいる。昨年十二月の民放テレビの報道番組では、高江に住む女性が、爆音と振動が体の内臓まで響くことを吐露していた。

戦後七十年以上たっても、沖縄の人々が生活と健康を脅かされ、軍事目的で、類いまれな生き物がすむ森が破壊される国、日本。

昨年末、米ハワイの真珠湾を訪問した安倍首相は、「和解の力」を繰り返し、日米同盟を「希望の同盟」と強調した。しかし、その陰には、和解と希望から置き去りにされた人々がいて、自国民の基本的人権も世界的に貴重な自然も守れない日本の政治・行政がある。

## 明仁天皇とタヌキの糞 ●二月十日

天皇陛下は、魚類や植物を中心に生物学に造詣が深いことで知られる。しかし、昨年発行の国立科学博物館紀要に、筆頭著者として書かれたタヌキの食性に関する論文を読んで驚いた。

英文で十九ページに及ぶその論文は、五年間にわたって皇居に生息するタヌキの糞(ふん)百六十三サンプルを集めて分析したものだ。主要な八分類群を含む九十五種の植物と昆虫、ムカデ、巻き貝など多くの動物群が、タヌキの餌資源となることを明らかにしている。

動物の糞分析による食性の解明は、大変な根気と労力を必要とし、学生ですら嫌う傾向にある。この論文には、生物の観察にはいかなる労をもいとわない姿勢が表れている。

政府は、天皇の退位を巡る政府の有識者会議が「陛下一代限り」に利点が多いことをにじませた議事概要を公表した。そこからは、将来の天皇の意思や健康よりも、恒久制度化に伴う政治的影響を回避したい現政権の思惑と、それに添う考えの人が多く選ばれたであろう有識者会議の姿が見えてくる。

昨年八月のビデオメッセージや、これまでの行動から、陛下が自分のことだけを考えているわけではないことは明らかだ。多くの公務の重責と年齢・健康のはざまで、意思を奪われた立場の苦悩はいかばかりだろうか。

タヌキの糞を慈しみ、その分析によって、タヌキの餌資源に思いを至らせる学者であり、人間である明仁天皇。国民全体でいま一度、天皇の人権と意思に思いを至らせ、そのあり方について考えてみたい。

## 身近な自然に潜む未知の虫

チーズバエ科ハエ類は、体長が三〜六ミリの小さなハエで、主に腐肉に集まる習性を持っている。これまで、日本から五種が記録されていたが、二〇一五年に九州大学の三枝豊平名誉教授が、九州のシカの死骸から、胸部の後方に大きなトゲをもつ種を新属新種として「ズータクサ」という雑誌に発表し、これが日本で六番目の種となった。

二〇一五年の四月、法医昆虫学分野における死後経過時間の推定に関するテーマに取り組んでいた修士課程の学生・大倉万依さんが、大学構内の林に設置した豚の骨から発生するハエを見てほしいと標本をもってきた。みてみると、胸部の後方に大きなトゲをもつ種で、これまで見たことのないハエだった。文献を調べると、ロシアから記載された種に似ていることが分かり、モスクワ国立大学付属博物館のオゼロフ（Ozerov）に標本の写真を送って問い合わせたところ、上記六番目の種とも異なり、一九八四年にロシアから記載された *Protothyreophora grunini* Ozerov との返事をいただき、ついでに親切にロシアのその種の標本も送ってくれた。

これまで三十年以上、自分の庭のような大学内の林で採集してきたはずなのに、チーズバエ科としては大型（五〜七ミリ）のこの種の存在に気が付かなかったとは。

しかし、話はこれで終わらなかった。この後、別の科のハエを採集する目的で行った十勝の然別湖畔で、また見たことのないチーズバエ科のハエが一匹採れた。個体数を集めようと、さらに二週連続で同じ場所に通い、やっと計二匹のオス個体を採集できた。この標本の写真をまた、モスクワのオゼロフに送ったところ、新種であろうという返事がすぐに返ってきた。然別湖のような山奥にはやはり未知の種がいるんだなと思いながら、それにしてもどうして個体数が少ないのだろうと思っていた。

ところがその後、大倉さんがまた、大学構内の林の豚骨から発生したハエを「見たことのないチーズバエが…」といいながら持ってきてくれた。見てみると、それはまさしく然別湖畔から採れたハエと同じ種だった。

身近な林に潜んでいた二種の未知のハエ。この二種は動物の骨という特殊な発生源を持ち、発生時期も限られているためにこれまで発見されなかったようだ。私たちは、身近な自然に潜む小さな虫をいまだよく知らない。

（二〇一七年三月）

## 普通の自然の大切さ

「先生、このハエは何のハエですか？」。二〇一二年の春、当時大学院生だった岸本亜衣香さんが、体長三ミリ程度の一匹のハエを持ってきた。北海道ではまだ雪が残る早春の四月にエゾエンゴサクの花の上から採ったという。

見慣れないハエで、調べてみるとフンバエ科であることがわかり、検索表をたどってみると、日本から未記録の *Acerocnema* 属の種であることが分かった。直感的に珍しい種類であろうと思ったが、一匹しかないので、エゾエンゴサクが咲く頃に行けば採れるかもしれないと、翌春を待っていた。

そして翌年四〜五月に、十勝に自生するエゾエンゴサクを探し、その群落の中でスウィーピングによって採集して回った。元来個体数が少ない種のようで、やっと記載には十分な個体数が採れたが、付随して、なんと同じ属のさらに別の二種が採集された。

これらの三種の種名を決定しようと文献をあたると、ヨーロッパの種とは明らかに異なり、やはりロシアの種に類似していることが分かった。モスクワ国立大学付属博物館のオゼロフ（Ozerov）に問い合わせてみると、親切に近縁種のロシア産の種の標本を送ってくれた。それらロシア産の種の交尾器を解剖して比較すると、これら日本の三種は、ロシアの種とも明らかに異なることが分かった。これらを三新種として、ドイツの専門誌「Studia Dipterologica」に投稿し、二〇一四年の九月に掲載された。

今回の発見において特筆すべきは、これら三新種が採集された場所は、深山幽谷ではなく、平野部にある平凡なエゾエンゴサク群落に過ぎないということだ。おそらくこれら三種がこれまで記録されなかったのは、早春だけに咲くという花に依存して寄生し、成虫はその時期にしか現れず、幼虫・蛹で長期にわたって夏を過ごしている可能性が高い。

植食性または植物に関係の深い昆虫は、一般に固有性が高い。日本産ハナバチ類の固有率は約七五%で、フンバエ科に近縁であるハナバエ科の日本産種は日本と東アジアに固有の種が約四〇%を占める。この三種も、日本または東アジアに固有の種である可能性が高い。

エゾエンゴサク、フクジュソウ、サクラソウなどの群落は、開発によって著しく縮小、断片化している。この三新種は、こういった群落をはじめとする普通の自然がいかに大切なものであるかをあらためて教えている。

（二〇一七年三月）

# あとがきにかえて
## ―最後に伝えたいこと―分類学から疫学・環境科学領域をさまよって―

限られた時間ですが、これまでの私の歩みをお話しし、少しでも皆さんのこれからの糧になればと思います。私の研究の始まりのきっかけは、家畜の糞から発生する昆虫を調べようとしている中で、専門家に聞いても種名が分からないものが少なからずいることに気が付いたことです。これはもう分類学、すなわち種名を決定する作業から始めないと進まないという考えに至りました。

そこで最初に手掛けたのが、ツヤホソバエ科Sepsidaeというハエの仲間で、世界で約三百五十種ほど記録されていて、幼虫は主に糞食性、一部が腐肉食性です。私がこの科を手掛ける一九七九年までは、日本から十一種が記録されているのみで、分類が大変遅れていました。私が始めてから、現在まで六新種を含む四十三種が日本から記録されることになりました。このツヤホソバエの種構成において、分布系統をみると、旧北区系と東洋区系のもので約七五％を占め、日本または極東地域に固有のものが約二五％という構成です。この科の種類相の解明率については、これでやっと欧米各国に追いついたところです。

次に手がけたのがハネオレバエ科 Psilidae というハエの仲間で、世界で約二百五十種ほど記録されており、幼虫の食性は植食性です。このハエの研究を始めたきっかけは、農業試験場からの依頼で、阿寒町で貯蔵ニンジンの根部にハエ幼虫が発生し、被害が結構ひどいので見てくれないか、というものでした。送られてきた幼虫を飼育し、蛹から羽化してきた成虫は、ハネオレバエ科に属することが分かりました。私は、この科のハエを手掛けるのは初めてで、一から文献を集めはじめ、それに約一年を費やしました。文献を調べていくうちに、この種がこれまで記載されている種のどれにも該当しないのではないかという考えに至りました。しかし、この科の経験が浅く、自信がなかったため、当時のこの科の権威であるハンガリーの研究者に標本を送って意見を伺ってみました。そうすると返事の手紙が届きまして、「この種はおそらく新種であろう」という返事でした。この分野の第一人者からの手紙によって、私は、この種が新種であるという確信を持ちました。そして、記載論文を執筆し、学会誌（Appl. Entomol. Zool.）に投稿し、約一年後の一九八七年八月号に掲載されました。しかし、掲載後数カ月たったある日、ロシアからロシア語で書かれた論文とともに一通の手紙が届きました。それは、ロシアのモスクワ国立大学付属博物館のシャタルキン（Shatalkin）という分類学者からの手紙で、内容は、「あなたの記載した新種は、すでに自分の記載した種のシノニム（同物異名）で、無効である」というものでした。送られてきたシャタルキンの論文は、一九八六年に発行された雑誌に掲載され、わたしの論文は約十カ月遅れて掲載されたことになります。私が論文を投稿している間にシャタルキンの論文がロシアの雑誌に掲載されたわけです。これで私の新種の学名が無効になり、二年にわたり費やした苦労が水の泡になったのです。

この件で、一旦は気落ちしましたが、この科の研究は、日本では誰もやっていず、世界でも研究者は極めて少ないことが分かり、気を取り直してこの科の別の属を調べはじめ、次は *Chyliza* 属に取り掛かりました。採集で全国を回り、標本収集で全国の研究機関や大学の昆虫学研究室で保管されていた標本を拝借し、ヨーロッパの標本は、スウェーデンの研究者がたくさん送ってくれました。その結果、この属の日本産五新種七新記録種をまとめ、一九八八年に Jpn. J. Entomol. に投稿し、一九八九年三月号に掲載されました。今度は大丈夫だと自信を持っていました。ところが、またまた私の前に立ちはだかったのが、ロシアの宿敵・シャタルキンでした。なんと、一九八九年発行のロシアの雑誌に、シャタルキンが *Chyliza* 属の論文を発表していたのです。またやられた！　一瞬そう思いました。しかし、雑誌の出版年月日をみると、シャタルキンの論文は六月発行で、私の論文の掲載のほうが三カ月早かったのです。従って、学名規約に則り、今度は同時に同じ種を取り扱い、遅れて出版されたシャタルキンの記載した三種がシノニムになり、私が記載した三新種が先取権（Priority）を取りました。

このロシアの研究者との新種発表の争いから、研究では、論文をまとめる「速さ」が極めて重要であるということを改めて認識させられました。これは、あらゆる研究分野で、研究者の資質として求められると思います。

結局、この科は、十五新種十五新記録種の計三十種が日本から確認されることになりました。しかし、これでもまだ、十分に解明されたとは言えません。また、この科の中で、*Psila nigricornis* Meigen, 1826 キクノネハネオレバエという種がいます。この種は、私が一九九一年に発表した日本新記録種で、ヨーロッパ、ロシア、北米にも生息し、海外ではキク科植物の根を加害することからこの和名を付けました。その時点では日本において、この種は全く問題になっていない種でした。ところが、二〇〇五年の愛知県をかわきりに、三重県、香川県、静岡県、鳥取県、千葉県の六県でこの種の幼虫によるニンジンの被害が次々と出て、各県の害虫防除所で被害報告がなされ、注意喚起されました。このような作物被害に対する対策を立てる場合、種名の決定（分類学）が極めて重要になります。

次に手がけたのが、ハネオレホソバエ科 Strongylophthalmyiidae という、幼虫が植食性のハエの仲間で、一九九一年まで日本から全く記録されていない科でした。この科では、一九九二年から私が二新種二新記録種の計四種を発表しましたが、これらは一部に過ぎず、今後この倍以上の種類が日本から見つかる可能性があります。

次に手がけたのがチーズバエ科Piophilidaeというハエの仲間で、幼虫は腐肉食性で、一九九七年まで日本から二種類のみが記録されていました。一九九八年に私が三新記録種を追加して、五種が日本から、確認されていましたが、二〇一五年に、三枝豊平九州大学名誉教授が一種追加し、現在六種になっています。この科も、今後さらに新たな種が追加される可能性があります。

次に、クロコバエ科Milichiidaeという科ですが、一九九五年まで日本からは四種のみが記録されていました。一九九六年から私が発表し始めて、現在までに五新種五新記録種を含む十四種になっています。しかし、この種数も予想される種数の一部にすぎないとみられます。

ここでも、こんな小さなハエの種名を明らかにしたところで何になるのか、と思われるかもしれません。しかし、このハエの分類を進めていくうちに、京都大学の花の香り成分を研究している西田律夫教授から、「花の香りに集まるハエの種を同定していただけないか」という依頼がありまして、それがなんとクロコバエ科の仲間だったわけです。その種類は、特異的にウマノスズクサという花の花粉を運んでいることが分かってきました。なんの役にも立ちそうにないハエが特定の花と深い関係を結び、植物の繁殖を支えているとみられます。

次に、このクロコバエに近縁の科でCarnidaeチビコバエ科の発見のいきさつについて話します。一九九九年の六月に北海道沼田町の山林で、主婦が草刈りの合間の昼寝中に雷のような耳鳴りがしたために、耳鼻科医院に来院し、耳洗浄を行ったところ、約一ミリの小さなハエ成虫が生きたまま出てきました。医師がそれを見逃さずに保存して、北海道衛生研究所に送り、そこから私のところへ同定依頼が来ました。そしてこのハエを顕微鏡でみたところ、極めて特徴的な腹部の剛毛が目に入り、北米のカタログの図で見たことのある種に違いない、とひらめきました。確認したところ、やはり、Carnidae の *Carnus hemapterus* Nitzsch でした。この種は日本新記録でしたが、この種が属する科がそもそもこれまで日本で記録されていませんでしたので、チビコバエ科と名付けました。この種は、幼虫が野鳥の巣の糞、有機物を摂食し、成虫はヒナに寄生吸血するという種です。一八一八年にドイツで記載されたもので、ヨーロッパ、ロシア、北米に広く分布しています。こんな吸血性のハエが今まで日本で記録されておらず、人の耳に侵入して初めてその存在が知られるというのは、まさに日本の分類学の遅れを象徴していると思います。このハエの発見は、偶然によるものですが、耳鼻科の医師が一ミリの小さなハエを見逃さずに保存し、しかるべき研究機関に鑑定を依頼したことによります。

このように、新たな「**発見**」は、「**集中力・注意力**」によって導かれるものと思います。そして、「**発見**（**の喜び**）」というのはどんな分野にもあると思いますし、それは常に研究の原動力にもなると思います。

ここでまた、ツヤホソバエ科の話に戻ります。ツヤホソバエ科については、日本産ばかりでなく、東南アジア、西南アジア各国を回り、分類学から生物地理学的研究へと広げました。東洋区とオーストラリア区を分けるウォーレスラインとウェーバーラインの境界区域にも実際に行って、そのラインの生物地理学的意義をこのツヤホソバエ科のいくつかの論文で考察しました。私は、特に海外調査で未知の土地を回って自ら体験しながら新しい知見を得ることに「**楽しみ（楽しさ）**」を感じます。研究の過程で、どこに楽しみ・楽しさを感じるかは人それぞれですが、研究が苦しいことばかりだと、長続きしないと思います。研究の過程でどういうところに楽しさを感じるかというのは、研究においても重要かと思います。

それで、このツヤホソバエ科ですが、もちろん生態系においては分解者として重要な役割を果たしていることは認識していましたが、この科の研究がどんな役に立つのかについて、あまり考えてきませんで、ただ種名を明らかにしたい、知りたいという気持ちでした。しかし、二〇一五年にスイスの研究者による「温帯・熱帯地域のツヤホソバエ類による牛糞の残留イベルメクチンの生物検定」という論文が出まして、ツヤホソバエ幼虫が汚染物質の残留濃度を評価するうえで有用であるという内容でした。これまで誰も見向きもしなかったツヤホソバエ類が応用分野で活用できるということです。つまり、先ほどのキクノネハネオレバエが次々と各地で害虫として顕在化したこと、クロコバエの一種が特定の花の花粉を媒介していることなどもあわせると、「**最も基礎的な研究は最も応用的である**」と言えるかもしれません。一見、全く役に立たないような研究でも、必ず何かにつながっているということだと思います。

次に疫学ですが、この分野に取り組んだきっかけは、最初に赴任した岐阜大学でした。研究室は医学部の寄生虫学教室で、丁度私が赴任した年の前年（一九八二年）に岐阜県で、ツツガムシ病による初の人の死亡例が確認されたことから、ツツガムシ病の疫学調査を始めました。野ネズミを捕獲しては、ツツガムシを分離して同定する作業を続け、リケッチアの分離などは共同研究者が行い、その成果の論文は、アメリカの雑誌（J. Med. Entomol.）に発表しました。この論文を書くにあたって、やはり基盤となったのは、ツツガムシの分類・同定です。この場合、一万六千以上のツツガムシを分類・同定して初めてこのような論文をまとめることができます。病原体の媒介動物、感染経路、宿主集団について明らかにするうえで最も基本的なことが分類学であるということです。

疫学で次に手がけたのが、伝染性角結膜炎（ピンクアイ）という牛の眼の病気でした。この病気が、当時（一九九一～一九九二年）流行っておりまして、これを伝播するのが主にハエであろうということから始めました。結果的には、ハエからの病原体である菌の分離は、個体数が少なかったためかできませんでしたが、牛の眼から採取した菌では、二年にわたり同一起源由来とみられる全く同じ型の菌が調査地の牧場で広がり、浸潤していたという内容の論文を学会誌（J. Vet. Med. Sci.）に発表しました。この論文でも、まずハエの種の同定が求められていたのです。

さらに一九九六年には、腸管出血性大腸菌O157が全国で大変な流行となり、帯広でも幼稚園などで集団感染が起きました。そこで当時の国立感染研の昆虫医科学部が中心となって、研究プロジェクトが立ち上がりました。そして、この疾病の感染経路として、ハエ類が関わっている可能性があるので、北海道におけるハエを調べてほしいと私に依頼が来ました。そこで、この集団感染した幼稚園の近くの畜産農家でハエを集め、そのハエからの菌の分離を試みました。その結果、三百十匹のイエバエのうち、五匹からO157：H7のセロタイプが確認され、さらにそのうち春と秋の三個体から活性のある毒素も検出されたことから、世代の異なるイエバエが同じ型の腸管出血性大腸菌O157を季節を通して保持し、運ぶ能力を持っているという内容の論文を、アメリカの雑誌（J. Med. Entomol.）に発表しました。この成果は、毒素を確認いただいた細菌学専門の共同研究者の貢献によるところが大きいです。そして、この論文をまとめるにあたっても、採れたハエの中でイエバエを正しく同定して一匹ずつ分けて菌を分離するという作業が必要で、ここでもハエの種を正確に同定することが基盤になっているということです。また、この論文の内容は、長崎大学や国立感染症研究所などと、どこが先に世界に先駆けて出すかで争っていましたが、帯畜大グループの論文が最も早く掲載されました。ここでも「**速さ**」が問われていたのです。

次に環境科学分野のハエ類の発生生態や環境との関係についてですが、これまで私は、家畜の糞から発生するハエ類、ヒグマの糞から発生するハエ類、野鳥の巣から発生するハエ類などの論文を書いてきました。家畜の糞から発生するハエ類は、もちろん畜産衛生面で深くかかわっていますが、ヒグマの糞から発生するハエ類は、親人類親和性、半人類親和性、非人類親和性に分けられ、野鳥の巣に発生する種もこの三つに分けられます。すなわち、自然環境に生息して人とかかわらないハエ、畜産環境に生息して、家畜に寄生したり、衛生上問題となるものに分けられ、そしてその中間的な環境に生息しているものに分けられます。これらも、種を正確に同定することによって自然環境、畜産環境、人とのかかわりが見えてくるといえます。

次に、自然界における昆虫類の生活、役割、働きについても長年の私の関心事でした。その分野の論文もいくつかあるのですが、中でも一つ紹介したいのが、アメリカの雑誌（Environ. Entomol.）に発表した「糞食性昆虫が温室効果ガスの発生に及ぼす影響」というもので、内容は、糞虫（糞食性コガネムシ）が牛糞から発生するメタンを抑制し、ハエ幼虫は、二酸化炭素・メタン・亜酸化窒素の三つの温室効果ガスを抑制するというものです。糞を食べる昆虫は分解者、清掃者として重要な働きをしているのですが、汚いものに発生するということで駆除の対象になりがちですが、陰では知られざる有益な働きをしているということです。私たちは、小さな生き物の働きにもっと注意を向けていく必要があります。

そして環境科学の最後に、動物用医薬品の問題です。動物用医薬品の中で、大環状ラクトン類のイベルメクチンなどの家畜用駆虫剤が、背部塗布法（ポアオン）と呼ばれる簡便な方法の開発により急速に普及して一定の効果を上げているとされています。しかし一方で、駆虫剤成分が糞に残留し、糞を分解する昆虫の死亡率を高め、糞の分解、ひいては放牧生態系に悪影響を与える可能性があることが、世界各地から報告されてきました。私も二〇〇二年から「牛用駆虫剤が糞分解昆虫に及ぼす影響」について取り組み、日本の昆虫に対する影響を調べ、これまでアメリカ、イギリス、日本の雑誌に論文を発表してきました。さらに近年、特にイベルメクチンに対して強い抵抗性をもつ家畜寄生線虫が現れてきて、薬が効かなくなっているという論文が次々と出てきております。このイベルメクチンを開発した北里大学の大村智特別栄誉教授は、人の抗寄生虫薬としてアフリカのオンコセルカ症やフィラリア症に優れた効果をあげた功績で二〇一五年にノーベル賞を受賞したのですが、一方でこの薬剤は、畜産分野では今述べたような大きな問題を抱えているのです。

科学技術には必ず、光の部分と影の部分があるということです。これから重要なのは「**科学技術の影の部分に光を当てる**」ということだと思います。

最後に私の歩んできた道を振り返ると、分類学がまず柱になっています。特に、ツヤホソバエ科、ハネオレバエ科、ハネオレホソバエ科、クロコバエ科、チビコバエ科、チーズバエ科、シラミバエ科、フンバエ科などのハエ類の分類学です。そこから派生して生物地理、ファウナ、発生生態、疫学、環境科学などに広げてきました。私の基本的な研究の柱は分類学です。これをしっかりやることによっていくつかの問題にも派生することができたように思います。「**研究の柱をもつ**」、この部分だけはだれにも負けない、という分野を持つことが重要と思います。

そして、私が最後にたどりついた最も重要なことが「**毎日の積み重ね**」です。これは研究だけでなくすべての分野、仕事についていえるかと思います。一日一日、一瞬一瞬を大切に生きること、何をするにしても、これに尽きると思います。

以上、私の話が少しでも皆さんのお役に立てれば大変うれしく思います。最後にこれまでご支援いただいた歴代の教職員、苦楽を共にした学生諸氏にお礼を申し上げます。長きにわたり、本当に有難うございました。

〈二〇一七年三月十日　定年退職最終講義要旨〉

# 著 者 略 歴

**岩佐 光啓**（いわさ みつひろ）

1952年帯広生まれ、1970年帯広柏葉高校卒業。1974年帯広畜産大学畜産学部卒業、1979年同大学院修士課程、1983年東京医科歯科大学大学院博士課程修了。岐阜大学医学部助手（1983年）、帯広畜産大学畜産学部助手（1984年）、講師（1995年）、助教授（1997年）を経て2000年より同大学教授、現在に至る。医学博士。

主な著書：「Contributions to a Manual of Palaearctic Diptera Vol.3.」（共著、Science Herald, 1998）
「ハエ学」（共著、東海大学出版会、2001）
「虫と人と環境と」（製作協力：北海道新聞社出版局、2008）

2006年4月　日本衛生動物学会賞受賞。

# 虫と人と環境と　第2集

**発行日**

2017年(平成29年) 3月25日　初版第1刷発行

**著　者**

岩　佐　光　啓

**イラスト**

渡　部　佳野子

**発行所**

共同文化社

〒060-0033　札幌市中央区北3条東5丁目

TEL 011-251-8078　FAX 011-232-8228

http://kyodo-bunkasha.net/

**印刷・製本**

㈱アイワード



©Mitsuhiro Iwasa 2017, Printed in Japan



ISBN 978-4-87739-295-6



無断で本書の転載・複写を禁じます。